学术研究专著

跳频信号侦察分析理论与实践

朱守中　沙志超　著

西北工业大学出版社

西　安

图书在版编目(CIP)数据

跳频信号侦察分析理论与实践／朱守中，沙志超著.
西安：西北工业大学出版社，2025.1. — ISBN 978-7
-5612-9728-5

Ⅰ. TN914.41

中国国家版本馆 CIP 数据核字第 2025P28G60 号

TIAOPIN XINHAO ZHENCHA FENXI LILUN YU SHIJIAN
跳 频 信 号 侦 察 分 析 理 论 与 实 践
朱守中　沙志超　著

责任编辑：朱晓娟　董珊珊	策划编辑：杨　军	
责任校对：高茸茸	装帧设计：高永斌　李　飞	
出版发行：西北工业大学出版社		
通信地址：西安市友谊西路 127 号	邮编：710072	
电　　话：(029)88491757，88493844		
网　　址：www.nwpup.com		
印　刷　者：西安五星印刷有限公司		
开　　本：710 mm×1 000 mm	1/16	
印　　张：11.5		
字　　数：213 千字		
版　　次：2025 年 1 月第 1 版	2025 年 1 月第 1 次印刷	
书　　号：ISBN 978-7-5612-9728-5		
定　　价：68.00 元		

如有印装问题请与出版社联系调换

前　言

跳频(Frequence Hopping，FH)通信是扩频通信的主要类型之一,以其截获概率低、抗干扰性能好、多址能力强、保密性好等优点,成为军事通信领域反侦察和抗干扰的重要技术手段,并在军事通信中广泛应用。跳频技术的出现给通信对抗提出了严峻挑战,近年来跳频信号侦察处理技术已成为通信对抗领域的研究热点。

自2020年开始,在湖南省重点研发计划"短基线无源定位理论与技术"(编号:2024WK2017)以及长沙市重大专项计划"单站快速无源侦察定位系统"(编号:kh2401019)等支撑下,笔者将跳频信号侦测分析与工程实践相结合,系统地研究了跳频信号侦察处理关键技术特点与规律,一些研究成果已经在国内的学术期刊上发表。本书作为这些研究成果的总结与提炼,反映了目前国内外跳频信号处理的最新动态,集中介绍了单通道均匀采样跳频信号跳周期估计、单通道压缩采样跳频信号时频分析及跳时刻估计、多通道跳频信号实时处理、基于欠定盲分离的跳频网台分选、无人机跳频信号特征分析等内容,对突破跳频信号系统发展所遇到的技术瓶颈,提高跳频信号检测识别概率,最终生成目标情报具有十分重要的理论意义和工程应用价值。

本书共分为7章。

第1章为绪论,介绍了跳频信号侦察处理技术的研究背景和意义,同时给出了本书的主要结构和内容。

第2章研究了均匀采样跳频信号的跳周期估计问题,提出了一种基于时频图修正方法的跳周期估计算法。首先利用跳频信号时频图具有的双重时频稀疏特性建立了带双重稀疏约束的时频图修正模型,然后利用匹配搜索算法求解得到了清晰的时频图,最后用聚类算法实现了跳周期估计。仿真结果表明,修正后的时频图可以提高跳周期的估计性能,并且适用于多网台跳频混合信号。

第 3 章研究了压缩采样跳频信号的时频分析及跳时刻精确估计问题,利用跳频信号的稀疏性提出了基于近似 l_0 范数最小化算法的压缩采样跳频信号时频分析方法和基于改进正交匹配追踪(Improved Orthogonal Matching Pursuit,IOMP)算法的跳时刻精确估计方法。首先利用罚函数思想建立了跳频信号压缩采样数据无约束的稀疏重构模型,然后用近似 l_0 范数最小化算法求解得出了跳频信号的时频图,最后根据时频图获取了跳频信号的频率和粗估跳时刻。基于估计出的频率和粗估跳时刻,建立了跳时刻精确估计的稀疏表示模型,用 IOMP 算法求解该模型得到了精确的跳时刻。该方法可以实现宽带压缩采样跳频信号的快速时频分析和跳时刻精确估计。

第 4 章研究了基于阵列接收的跳频信号实时处理问题,提出了一种同时适用于异步和同步跳频网台的跳时刻、频率和到达方向(Direction of Arrival,DOA)的实时估计方法。首先用粒子滤波方法实时估计了各跳频网台的阵列响应矩阵,然后通过恢复各跳频信号时域波形估计了其频率,并结合阵列响应函数和信号频率的估计值解算了信号 DOA,而后利用信号频率估计值建立了多个跳频信号混合数据的时域自回归移动平均(AutoRegressive Moving Average,ARMA)模型,并基于该模型实时检测频率跳时刻,最后借助跳频频率的连续性和 DOA 信息实现频率关联。该方法需要已知阵列结构和跳频网台数量,可以有效地实现对多个跳频网台的实时处理。

第 5 章研究了欠定条件下跳频网台分选问题,根据跳频网台信号的时频稀疏特性,以基于时频单源点聚类的混合矩阵估计算法和基于子空间投影算法的源信号分离算法为基础并进行改进,提出了一种基于欠定盲分离的跳频网台分选方法。在混合矩阵估计时,首先计算全部时频支撑点对应的时频比矩阵,然后对时频比矩阵进行预处理,最后用 k-均值聚类方法估计混合矩阵和各信号的相对功率。在源信号分离时,将信号相对功率与子空间投影算法相结合,实现了欠定跳频网台分选。本书方法提高了混合矩阵的估计性能,放宽了信号在时频域上的稀疏性条件,只要每个时频点上同时存在的信号数不大于阵元数就能够实现跳频信号的分选,且改进后的方法计算量与原算法相差不大。

第 6 章从工程实践出发,结合当前低空安全防护热点问题,分析了微型无人机测控和图传信号的跳频特点,包括测控和图传信号跳周期、跳时刻、跳频频率等,并对微型无人机测控和图传信号跳频参数进行了估计,为反无人机探测打击系统研制提供了理论和技术支撑。

第 7 章为结论和展望。

本书具有以下几个鲜明特点:

(1)新颖性:反映了当今跳频信号处理的最新研究进展,论述的跳频信号参数估计算法和网台分选算法是目前研究应用的热点或容易引起人们关注的理论问题,内容新颖、丰富,可启发相关领域的研究人员开展自己的新研究。

(2)学术性:具有一定的理论高度和学术价值,大部分内容取材于国际国内一流的学术期刊发表的论文和笔者的研究成果,细致而全面地展示了国内外大量最新的研究内容和发展动向,具有一定的前瞻性和学术参考价值。

(3)应用性:内容面向实践,尽量简化数学公式推导,强调在实际工程中的应用,为在各学科领域的扩展应用和延伸提供新型的优化方法。

在撰写本书的过程中,武汉大学邓龙翔认真校对了本书,并参与了部分仿真实验,陈洁提供了大力支持,同时本书还参阅引用了部分国内外学者的相关文献资料,在此一并表示诚挚的感谢。

书山苍茫,学海浩瀚,鉴于能力和水平,书中难免会出现一些不足之处,恳请读者批评指正。

著 者

2024 年 8 月

目　录

第1章 绪 论

1.1 研究背景及意义

随着军事通信技术的发展,现代战争中作战部队和武器装备调动频繁,对军事通信网的时效性和可靠性要求不断增加。扩频通信以其抗干扰性能好、多址能力强、被截获概率低、抗多径衰落能力强等优点,成为军事通信领域反侦察和抗干扰的重要技术手段。跳频通信是主要的扩频类型之一,其保密性好、抗干扰能力强、截获概率低,还具有较强的组网能力,使得跳频技术广泛应用于军事通信领域[1]。跳频技术的出现对通信对抗提出了严峻挑战,跳频信号侦察处理技术已成为通信对抗领域的研究热点。

跳频技术在现代军事通信中应用广泛并发挥着重要的作用。短波电台和超短波电台几乎都采用了跳频技术,包括美国的 HF-2000 短波跳频电台、CHESS 短波高速跳频电台、CARACAL 超短波跳频电台,英国的 JAGUAR-V超短波跳频电台,法国的 PR4G、TRC-950 超短波跳频电台等90 多个型号的跳频电台。除战术电台外,微波接力通信和卫星通信也大量采用跳频技术,如 Link16 战术数据链、MILSTAR 卫星系统和先进极高频(AEHF)卫星系统。针对跳频侦察技术,众多学者进行了大量的研究,部分技术已应用于实际侦察系统,如美国的 CCS-2000 通信情报系统、德国的PA-2000快速搜索测向机、法国的 TRC-600/610 系列截获/测向系统等,但很少有侦察技术的公开报道。

对于跳频信号的侦察,通常包括跳频信号的检测、参数估计和网台分选三大任务。虽然现有研究成果已为跳频信号侦察处理中的部分问题提供了解决思路,如基于时频分析(Time Frequency Analysis,TFA)的跳频信号参数估计方法[2-8]、基于时频稀疏性的跳频参数估计方法[9-11]、基于单跳提取的跳频信号波达方向(DOA)估计方法[12-13]及基于盲分离的跳频网台分选方法[14-15]

等,但由于现有方法中存在时频分辨率不高、需要提取单跳信号、阵元数要求较多等不足,以及随着跳频信号的跳速越来越高、带宽越来越大,因此精确、快速地侦察跳频信号参数仍存在许多关键问题有待解决。这些问题包括低信噪比条件下多网台跳频信号跳周期估计、宽带跳频信号的侦察处理、跳频信号的实时处理及欠定条件下(网台个数大于阵元数)跳频网台分选等。

综上所述,跳频信号参数是重要的通信情报,也是进一步获取非合作方通信信息或对其进行精确干扰的前提,但目前跳频信号侦察处理中仍存在较多关键问题尚未解决,深入研究跳频信号侦察处理关键技术具有重要的理论和现实意义。

1.2 跳频通信基本原理及侦察处理问题描述

1.2.1 跳频通信的基本原理

跳频通信是指通信双方或多方在相同的同步算法和伪随机跳频图案算法的控制下,射频频率在约定的频率集内以离散频率的形式伪随机且同步跳变的通信。射频在跳变的过程中覆盖的带宽远大于原信息带宽,因而频谱得到扩展。跳频通信的基本原理如图 1.1 所示[16]。在发送方处,原始数据首先经过中频调制,然后频率合成器控制射频输出,并对中频已调信号进行射频搬移,最后射频已调信号经过带通滤波器、功率放大器和天线发送出去。在合作接收端,首先用射频滤波器得到射频信号,然后用相同的伪随机码生成器去控制频率合成器,使接收机频率与跳频信号保持一致,从而完成解跳,得到已调中频信号,最后经过中频带通滤波器后,进行中频解调处理得到基带信息。对于非合作侦察方,由于载频跳变规律未知,很难实现载频的同步,所以往往需要将预设频段内的信号全部接收进来再进行处理。

在跳频信号产生的过程中,跳频图案起关键作用。跳频图案一般是指按照某种约束关系,射频频率随时间跳变的规律,可由一个时间-频率二维矩阵来表示(简称时频矩阵),如图 1.2 所示。从该示意图可以看出表征跳频信号的主要参数包括跳周期(T_n)、跳时刻、跳频频率等。其中,每跳信号的持续时间 T_n 为跳周期,由换频时间和频率驻留时间两部分组成,为了分析方便,本书约定:忽略换频时间;跳周期的倒数即为跳速,表示每秒频率跳变的次数;图中虚纵线表示各跳信号的起始时刻,称为跳时刻;各跳信号在跳周期内占用的频率称为跳频频率。

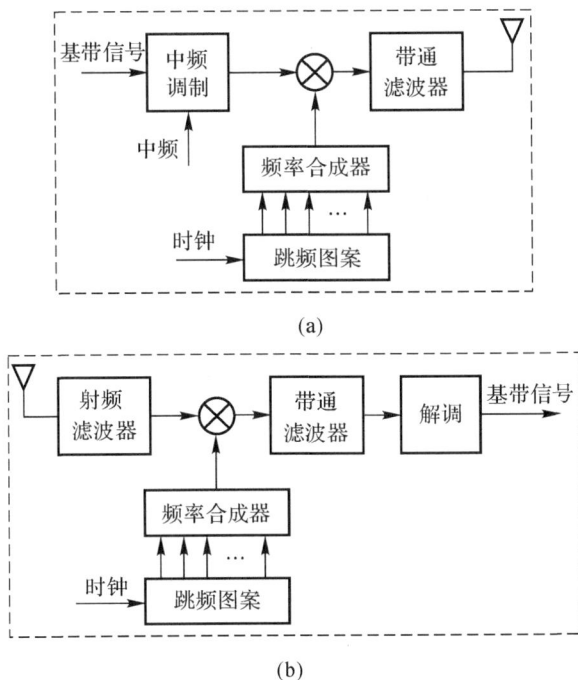

(a)

(b)

图 1.1 跳频通信的基本原理框图

(a)跳频信号发射机； (b)合作方接收机

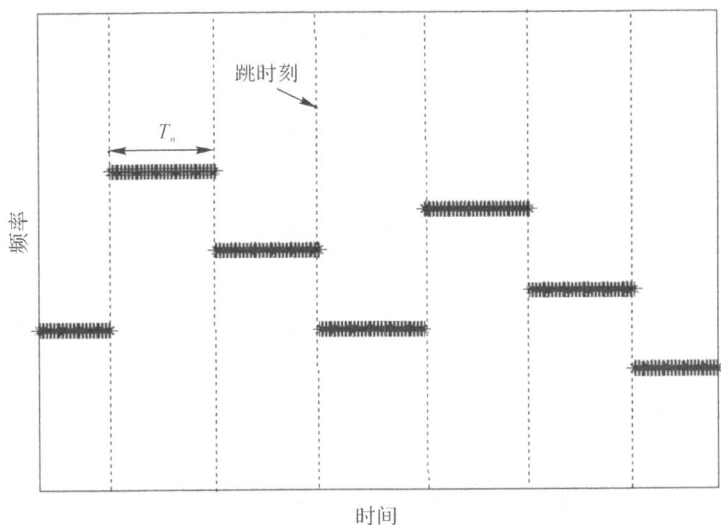

图 1.2 跳频图案形成的时间-频率矩阵示意图

当多个跳频网台同时工作时，就涉及跳频组网的概念。跳频组网的目的是实现跳频多址通信，按各网台跳频图案时序关系可分为跳频同步组网和跳频异步组网。跳频同步组网是指各子网跳频技术体制、跳频频率集、跳频图案及跳频密钥等要素相同，各网的起跳时刻相同的跳频组网方式。跳频异步组网是指各子网之间的起跳时刻、跳频频率集、跳频图案、跳频密钥及跳速等要素没有约束关系的跳频组网方式。同步组网方式组网效率高、反侦察性能好，但同步建网及维持各网间同步关系的过程相对复杂、整体抗阻塞干扰能力差。异步组网方式使用方便、抗阻塞干扰能力较强、安全性能好，但组网效率不高，反侦察和抗跟踪干扰性能不及同步组网[16]。

1.2.2　跳频信号侦察处理问题描述

跳频通信相对常规定频通信最大的区别是频率随时间发生伪随机跳变，使得信号占用的总带宽较大，因此截获跳频信号比截获定频信号更加困难，需要根据信号特性设计跳频信号接收机。

跳频通信的频率跳变特性决定了其特有的信号参数，主要包括跳周期、跳时刻、跳频频率集及网台个数等。如果可以正确估计跳频信号的跳周期、跳时刻和跳频频率集等参数，就可以进一步实现跳频信号的解跳，然后用定频信号处理方法完成后续处理。另外，对跳频通信系统实施干扰，同样需要跳周期、跳时刻和跳频频率集这些跳频参数。因此，跳频参数估计是跳频信号侦察处理中必须解决的问题。

在日益复杂的电磁战场环境下，一个师级作战单位就有几十部甚至上百部跳频电台，作战范围半径为 50 km 左右，而高空机载侦察系统的地面覆盖宽度一般为几百公里，星载侦察系统的地面覆盖范围更大，所以机载或星载侦察系统接收到的信号往往是地面上多个跳频电台同时工作时的混合信号。无论是实现参数估计结果与跳频网台的关联还是提取感兴趣的特定网台信号，都必须进行跳频网台分选。跳频网台分选可以在获得跳频参数后利用各网台信号的跳周期、跳时刻、DOA 等参数进行分选，也可以直接利用盲分离方法对多网台混合信号进行分选。

在得到跳频信号的参数及分离后的单网台信号后，需要进行解跳和解调处理才能得到基带数据，进而获取敌方传输的信息。

综上所述，跳频信号侦察就是利用电子侦察设备对跳频信号实施截获、检测、参数估计、跳频网台分选、解跳与解调等处理的过程。跳频信号侦察处理需要完成的功能如图 1.3 所示。

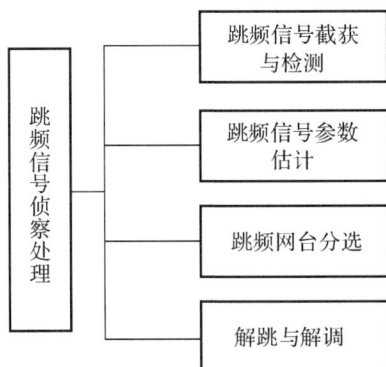

图 1.3　跳频信号侦察处理功能组成

1.跳频信号截获与检测

　　跳频信号侦察处理首先要完成跳频信号的截获与检测,在检测到跳频信号后将采集数据进行后续处理。从理论上,跳频信号截获可以采用压缩接收机、信道化接收机、超外差接收机、声光接收机、数字化接收机以及由不同体制构成的组合接收机等设备[17]。数字化接收机是首先将模拟信号进行下变频得到中频信号,然后用模数转换器(ADC)进行数字化采样,最后进行数字信号处理的接收机。随着 ADC 技术和数字信号处理技术的发展,数字化接收机在很多性能上都优于模拟接收机。数字化接收机包括数字快速傅里叶变换(TFA)接收机和数字信道化接收机。

　　TFA 接收机是宽带侦察接收机,其原理框图如图 1.4 所示。射频信号首先经过宽带射频处理前端和高频滤波,然后进行下变频得到中频信号,接着用模数转换器进行数字化采样,最后进行数字信号处理。该系统能够克服模拟电路中存在的增益变换、温度漂移和直流电平漂移等问题,稳定性更好[18]。若对数字信号进行快速傅里叶变换(FFT),则可得到频谱图;若对数字信号进行时频分析,则可得到时频图。

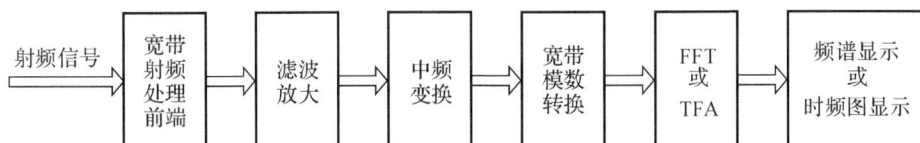

图 1.4　TFA 接收机原理框图

数字信道化接收机将宽带信号均匀划分为若干子频带信号,将宽带高速数据经过滤波、抽取后变成低速的多信道数据,便于后续处理。

数字信道化接收机需要先将数据拆分为多个子频带数据进行处理,然后将处理结果合并为最终结果,其处理过程较 TFA 接收机复杂。本书方法处理的数据(除压缩采样数据外)是 TFA 接收机截获的跳频信号。

当接收系统仅包含一个天线时,本书将其称为单通道接收系统。单通道接收的跳频数据不包含信号的空间信息,很难用于跳频混合信号的处理。与单通道处理相比,阵列信号处理具有灵活的波束控制、较强的信号增益和抗干扰能力等优点,使用阵列接收系统采集的多通道数据更有利于跳频信号参数估计和网台分选的实现。本书将阵列接收系统称为多通道接收系统。

2. 跳频信号参数估计

跳频信号参数包括跳周期、跳时刻、跳频频率集及网台个数等跳频信号特有参数和调制样式、信息速率等常规参数。其中估计调制样式、信息速率等常规参数涉及的高阶累积量[19]、非线性谱[20]、包络谱[21]等算法已较为成熟,基本可以满足侦察处理的需要。跳频信号侦察处理中跳频信号参数估计的关键问题在于跳周期和跳时刻的高性能估计,以及超宽带跳频和实时性处理需求带来的技术问题。

时频分析是目前跳频信号侦察处理的主要方法,分析结果直观,实用性较强。但受时频不确定性、交叉项等因素影响,直接利用常规时频分析方法获取的时频图估计跳周期信噪比适应能力较弱,且不能适应多跳频网台信号。因此,需要进一步研究低信噪比、多跳频网台信号情况下的跳周期估计方法。

跳时刻是跳频信号参数中最关键的参数。首先,如果能够正确估计多个连续的跳时刻,那么就可以根据这些跳时刻的周期性来估计跳周期;然后,如果已知跳时刻和跳周期,那么就可以截取单跳信号,进而完成该跳频频率估计,将连续多个跳信号的时间和频率进行二维表示即可得到跳频图案;此外,跳时刻的精确估计更有利于快速引导干扰。但是,由于时频分析方法需要按一定间隔划分数据段,而划分的间隔和数据段长度都影响跳时刻的估计精度,因此,需要对采样数据进一步处理以得到精确的跳时刻。

为了提高跳频通信系统的传输速度和抗干扰能力,跳频信号的带宽不断增大,先进的跳频通信系统带宽甚至达到 2 GHz,如 AEHF 卫星系统。对这类信号的处理,按照奈奎斯特采样定理需要极高的采样率,采集数据量非常庞大。在实际应用中,数字 FFT(TFA)接收机系统很难达到宽带处理的要求,数字信道化接收机虽然能够将宽带信号划分为多个子频段分别处理,但系统的复杂度非常高。压缩感知可以对具有稀疏性的信号用远小于奈奎斯特率的采样率完成信号的压缩采样,并可以利用稀疏重构算法从压缩采样数据中恢复原信号信息。考虑到跳频信号具有的时频稀疏性,可以将压缩感知理论引入对宽带跳频信号的处理中,以利用远小于奈奎斯特率的采样率和少量的数据来完成跳频信号的截获和参数估计的目的,并提高处理速度。因此,需要研究压缩采样跳频信号侦察处理方法,来解决宽带跳频信号侦察处理问题。

不同的应用场合对侦察处理的实时性要求不同,常规情报分析对处理实时性要求不高,而电子对抗实时情报支援则对跳频信号处理的实时性要求很高。如果能在每跳信号起始的很短时间(相对跳周期)内完成跳频频率的估计,那么就可以尽快对目标实施精确干扰。但是,现有跳频信号侦察处理方法大都是批处理方法,不能满足实时性要求。因此,需要研究跳频信号的实时处理方法。

3. 跳频网台分选

跳频网台分选是指通过提取跳频信号的各种参数特征,将属于同一跳频网台的各跳信号分选出来。其核心问题是对跳频信号的分离。现有单通道的网台分选方法主要依靠跳时刻信息,仅适用于异步组网网台。而现有多通道的网台分选方法则大多利用 DOA 信息进行网台分选,但 DOA 估计本身也是阵列信号处理的难题,其估计性能受阵列误差的影响较大,如互耦、通道不一致性等。潜在的网台数未知,而且天线阵元数有限,往往导致实际接收到的混合信号中网台数大于阵元数,现有的网台分选方法不能适用于这种欠定的接收情况。跳频网台分选是跳频信号侦察处理的重点和难点,特别是欠定条件下的跳频网台分选。因此,需要深入研究欠定条件下的跳频网台分选方法。

4. 解跳与解调

解跳是指根据跳频参数依次将各跳数据按照频率进行下变频,得到频率统一的中频数据。解调是指利用频率、码速率、调制样式等参数从解跳后的中频数据中获取基带数据。该功能的实现不是本书关注的重点,此处不再赘述。

基于以上分析,本书主要围绕跳频信号侦察中的单通道均匀采样跳频信号跳周期估计、单通道压缩采样跳频信号时频分析及跳时刻估计、跳频信号实时处理以及欠定条件下的跳频网台分选等 4 个关键问题展开研究。

1.3 跳频信号侦察处理研究现状

1.3.1 跳频信号检测研究现状

跳频信号检测技术就是在宽带接收频段内判断是否存在跳频信号的技术。常用的信号检测方法是能量检测法[22]，是由 Urkowitz 在 20 世纪 60 年代中期提出来的。该方法依据信号的能量大于噪声的能量，不需要做任何假设，可以适用于绝大多数信号类型，但该方法只能检测数据中是否存在信号，不能识别信号的类型。针对跳频信号的检测，现有技术主要包括信道化检测技术[23-28]、自相关检测技术[29-30]、时频分析检测技术[31-32]。

文献[23]针对 FH 信号的理想数学模型推导出了最优平均似然（AL）接收机模型。为了便于接收机的实现和分析，该文献还提出了最大似然（ML）接收机，并就单跳和多跳情况分别进行了分析。文献[24]～[27]在文献[23]的基础上进一步研究了基于信道化接收的检测方法，对该类方法改进的地方包括能量检测方式、信道门限自适应、接收带宽失配情况的检测性能分析等。文献[28]研究了接收机在接收带宽失配情况下的性能，具有一定的工程指导意义。信道化检测方法通常要求各信道内的跳周期是接收机积分周期的整数倍，这都需要已知 FH 信号的跳速和跳时。同时，这些通道化接收机的接收频率要求与 FH 信号的频率集一致，即需要已知 FH 信号的候选频率集。

上述信道化检测技术大多是非盲检测，盲检测技术主要包括自相关检测技术和时频分析检测技术。文献[29]提出了一种自相关域（ACD）检测方法，比能量检测法考虑了更多的信号细节，因此具有更好的检测性能。文献[30]以文献[29]为基础，考虑了加权因子的选取和跳时非同步对于检测性能的影响。

利用时频分析工具，文献[31]提出了利用截获信号的时频图进行跳频信号检测。文献[32]根据不同信号类型的时频图的差异，提出了一种基于时频图修正的跳频信号检测方法，该方法可以在多种体制（脉冲、扫频、定频等）信号混合的情况下提取跳频信号的时频图，从而达到检测跳频信号的目的。时频分析方法在跳频侦察中应用广泛，不仅可以检测跳频信号，还可用于跳频信号的参数估计。

1.3.2 跳频信号参数估计研究现状

根据接收系统的天线类型,跳频信号参数估计方法可分为单通道参数估计方法和多通道参数估计方法。单通道是指仅包含一套接收设备的接收系统。多通道系统包括阵列多通道系统和单天线多信道系统,本书的多通道系统专指阵列多通道接收系统。

1.3.2.1 单通道跳频信号参数估计

1.基于相关技术的跳频参数估计方法

文献[33]-[34]提出了利用多跳信号在自相关域特征估计跳速的方法,该方法以多跳样本在自相关域的平方和为检验统计量,用最大似然准则进行跳速估计。该统计量受对频率、相位、跳时等因素影响较小,同时能够很好地保留跳周期(跳速的倒数)信息,但要求事先已知跳速范围和精确的信号功率。文献[34]还提出了一种基于单跳自相关函数的跳时刻估计方法,以多个单跳自相关函数混合作为检验统计量,能够提取跳时刻信息,但要求事先已知精确的跳速。基于相关技术的处理方法已经应用于跳频信号同步[35]、截获[36]等方面。文献[37]改进了基于多跳自相关的跳速估计法,提出了一种联合估计跳速和信号功率的迭代算法,不需要信号功率的先验信息,更加符号实际应用,但计算量相对较大,仍需要已知跳速范围。

上述方法需要跳频信号某些参数的先验信息,如跳速、频率范围等,且只能对部分参数做出估计。此外,上述文献都能处理单个跳频信号,不能适用于多网台跳频混合信号[38]。基于自相关的方法主要应用于检测领域,在参数估计中效果较差。

2.基于时频分析的方法

时频分析是分析非平稳信号的重要工具,能够在时频域上揭示信号的时、频两维信息。跳频信号是典型的非平稳信号之一,时频分析方法可以很好地用于跳频信号的盲检测和参数盲估计领域。Barbarossa 于 1997 年首次将时频分析方法引入跳频信号参数估计中,提出了一种基于伪维格纳分布(PWVD)的跳频信号跳周期、跳时刻和频率的估计方法[2],首先对跳频信号进行时频分析得到时频矩阵,然后取各时刻沿频率轴的最大值组成序列,并对该序列进行 FFT 变换,根据频谱峰值位置就可以估计跳周期。得到跳周期后,利用跳周期和峰值位置可进一步估计跳时刻和频率。在跳周期估计准确、信噪比较大的情况下,频率估计能获得较好性能。该方法能够实现跳频信号的全盲参数估计,但需要的跳周期个数较多。

文献[3]与文献[2]的方法类似,用平滑伪维格纳分布(SPWD)代替PWVD来估计跳频参数。SPWD能更好地消除交叉项的影响,但运算量比PWVD大。文献[4]提出了一种精确估计跳频信号跳速的方法,首先利用短时傅里叶变换(Short Time Fourier Transform,STFT)对跳频信号进行时频分析,然后利用小波变换提取时频脊线,最后利用谱分析精确估计跳速。该算法采用线性时频分析工具,避免了交叉项的影响。

文献[5]将频域平滑伪维格纳分布(SPW)引入跳频信号处理中,SPW是对SPWD的改进形式,降低了SPWD的计算量。文献[6]和文献[7]分别将Gabor变换方法和重排SPWD应用于跳频信号的参数估计。文献[5]～[7]中的参数估计方法与文献[3]大致相同,只是采用了不同的时频分析工具,参数估计原理相同,估计性能相差不多。上面讨论的各种时频分析方法各有优劣,为了利用不同时频分析方法的优点,文献[8]将不同时频分布组合起来,利用不同时频分析方法的优良特性,综合分析得出满意的结果,但处理过程肯定会变得更加复杂。

综上所述,基于时频分析的跳频信号参数估计方法属于非参数化方法,主要是利用跳频信号跳时刻的周期性来估计跳频参数。其优点是不需要预知信号参数,鲁棒性较强。其主要缺点是估计精度较差,信噪比较小时算法完全失效。此外,上述方法都针对单个跳频信号的环境,不能适应多跳频信号情况。

3.基于稀疏分解的方法

文献[40]借鉴冗余字典稀疏分解的思想[39],将跳频信号稀疏分解为多个时频原子,然后分别计算各时频原子的维格纳分布(WVD),通过求和即可得到信号整体的WVD。该方法可以有效抑制WVD中交叉项的干扰。文献[41]根据跳频信号的数学模型,用跳起始时刻、频率、跳周期等参数在时域上描述跳频信号,用匹配追踪(Matching Pursuit,MP)算法依次得到各跳数据,进而利用各跳数据估计跳频参数。该方法信噪比适应能力较好,但构建时频原子比较困难,多维搜索导致算法计算量巨大,且需要事先知道观测时间内包含的跳数。文献[42]和文献[43]以Gabor函数为基函数,通过每次迭代后残差信号的幅度估计观测时间内的跳数,利用稀疏分解得到的时频原子估计出跳频参数。文献[44]将跳频信号的跳周期、跳时刻等参数建模成时频原子,利用粒子群优化算法估计时频原子,可根据时频原子直接估计跳频参数。

　　综上所述,基于稀疏分解的跳频信号参数估计方法首先将跳频信号稀疏分解为包含跳频参数的时频原子,然后利用得到的时频原子估计跳频参数。因为稀疏分解本身具有抑制噪声的能力,所以这种方法的优点是能够在低信噪比下获得较好的参数估计性能,不足之处是稀疏分解的计算量较大,且只适用于单跳频信号的情况。

　　4. 基于跳频信号时频稀疏性的处理方法

　　文献[9]和文献[10]用稀疏线性回归(Sparse Linear Regression,SLR)方法解决多个跳频信号同时存在时的跳频参数估计问题。该文献首先把跳频信号表示成完备的傅里叶基之和的形式,利用跳频信号具有的时频双重稀疏性,将跳频参数估计问题建模成带双重约束的稀疏重构问题,待求解矢量为跳频信号时频分布矩阵的列展开。在获得跳频信号的时频分布后,通过检测时频分布列差分的峰值位置得到跳时刻和频率集的估计。该算法可以精确地估计跳频信号的跳时刻和频率,但算法过程复杂,需要多次迭代才能收敛到满意的结果,计算量非常大。

　　文献[11]把跳频信号的稀疏性用在了压缩采样数据上,根据观测数据与观测矩阵的列相关性来估计压缩采样数据的时频分布,从而完成跳频信号的检测和参数估计。该算法角度新颖,利用远小于奈奎斯特率的采样率完成宽带信号的数字采样,达到利用少量的数据完成跳频信号检测和参数估计的目的。但该算法信噪比适应能力较差,且需要已知跳速。

　　目前,单通道跳频信号参数估计的方法中基于时频分析的方法最为普遍,但时频分析方法时间估计精度和频率估计精度间存在矛盾,特别在小样本的情况下时频分析效果很差。基于跳频信号时频稀疏性的处理方法效果很好,文献[9]和文献[10]中的方法体现出了基于跳频信号时频稀疏性类算法的优势,具有较强的指导意义,但方法仍不完善,还需要进一步研究。

　　奈奎斯特定理一直都是传统数字信号处理的基础,根据该定理,若要从采样得到的离散信号中无失真地恢复模拟信号,采样速率必须至少是信号带宽的两倍。随着人们对信息需求量的增加,要求信号传输速率提高,导致信号带宽越来越大,以奈奎斯特定理为基础的信号处理要求的采样速率和处理速度也越来越大,因而对宽带信号处理的难度不断增加。2004 年,由 Donoho 与 Candès 等提出的压缩感知(Compressed Sensing,CS)理论是一个充分利用信号稀疏性或可压缩性的全新信号采集理论[45-48]。该理论指出:只要信号具有可压缩性或在某个变换域具有稀疏性,就可以用一个与变换基不相关的观测矩阵将高维信号投影到一个低维空间上,然后求解最优化问题就可以从这些低维投影中以高概率重构出原信号,可以证明这样的压缩采样包含了重构信号的足够信息。在该理论框架下,信号的采样速率不再取决于信号的带宽,而是取决于信号中信息的结构与信息量。近些年来,稀疏信号重构算法及其应用均取得了飞速发展,被广泛应用于图像压缩[49-50]、噪声抑制[51]、欠定盲分离[52-55]、DOA 估计[56-58]、频谱估计[59-61]等领域,极大地促进了压缩感知理论的发展。

稀疏重构算法大致可分为 4 类[62],分别是贪婪类算法[63-68]、l_p 范数类算法($0 \leqslant p \leqslant 1$)[69-76],迭代加权(Iterative Reweighted Least-Square,IRLS)算法[77-79]以及概率类算法[80-83]。文献[62]中给出了各类算法的总结,此处不展开描述。考虑到跳频信号良好的时频稀疏性,压缩感知理论在跳频信号的处理中具有很好的应用前景。

1.3.2.2　多通道跳频信号参数估计

基于多通道系统的 FH 信号参数盲估计方法大致可以分为两类,即多维谐波恢复的方法(Multidimensional Harmonic Retrieval,MHR)和空时频联合处理的方法。

MHR 是 Liu 等一系列论文[84-91]的核心思想,他们认为:跳频信号在频率驻留时间内是一谐波(单频信号);对存在多个跳频信号且使用均匀线性阵列(ULA)接收的情况,阵列流型矩阵是 Vandermonde 矩阵,分离相邻的两个跳时刻之间的跳频信号相当于从接收的混合数据中恢复出多个谐波。文献[84]首先估计出多个跳频信号的频率和 DOA,然后用波束形成方法分离各跳频信号,最后针对分离得到的单个跳频信号采用动态规划(Dynamic Programming,DP)方法联合估计其跳时、频率等参数。该方法在估计跳频信号方位的过程中假设频率跳变对阵列响应函数的影响可忽略,且波束形成方法能够较好地分离各跳频信号。这两个假设导致该方法难以适用于跳频带宽较大的短波跳频电台。因为跳频带宽较大时,常规阵列测向方法的性能会显著恶化[92]。文献[86]借助动态规划算法联合实现跳频信号的参数估计,避免了文献[84]中的方位估计和空域滤波等预处理步骤,但所需的计算量更大。文献[87]在文献[86]的基础上,考虑了跳频信号可能存在多径的情况,但需要假设所有信号的多径信号个数已知。文献[88]将上述基于一维阵列的方法推广到二维平面阵列,可以同时估计信号的方位角和俯仰角,具有更高的估计精度。文献[89]提出用 DP 方法来解决不同跳频网台的频率冲突问题,算法可应用于多种调制样式的跳频系统。文献[90]则考虑了接收机带宽不能完全覆盖跳频信号带宽的带宽失配情况,分析了带宽失配情况下的算法性能。文献[91]是 Liu 所有研究成果的总结。上述算法都假设跳频信号数目(不考虑多径效应)或所有跳频信号的总路径数(考虑多径效应)已知或可估计,算法运算量巨大且随着信号数目、跳速的增加而非线性增加,所以并不适用于跳频信号较多或跳速较高情况下的侦察处理,很难实用化[93]。

空时频联合处理的方法是指将跳频信号的时域、频域和空域信息都用来进行跳频信号的处理。文献[12]以阵列信号处理技术为基础,首先分离出各个跳信号,然后估计每跳的 DOA,并根据 DOA 对跳信号进行分组,每组对应一个跳频信号,最后分别计算各跳信号的驻留时间、跳时刻、频率、跳速和跳频带宽等参数,从而完成多跳频信号的参数估计。文献[13]提出一种基于数字信道化和空时频联合分析的多跳频信号 DOA 估计方法。首先对各个子信道的数据进行时频分析,之后进行拼接得到全景时频图,再提取有效跳进行DOA 估计。上述方法都是对单跳信号进行 DOA 估计,单跳提取方法和阵列结构对算法影响很大。

1.3.3　跳频网台分选研究现状

现有的跳频网台分选方法大致可分为以下三类:基于到达时刻(Time of Arrive,TOA)的分选方法[94-96]、基于跳频网台特征的分选方法[97-101]和基于盲分离的分选方法[14-15]。

1. 基于 TOA 的分选方法

文献[94]~[96]利用跳频信号的每跳起始时刻进行分选。首先用时频分析工具得到每跳的到达时刻,然后根据到达时刻和持续时长进行网台分选。该方法仅利用各跳的到达时刻来进行网台分选,因此只能分选异步跳频网台,且要求信号参数估计效果较好。

2. 基于跳频网台特征的分选方法

文献[97]~[100]研究了利用跳频网台信号特征差异性进行分选的方法,可利用的特征包括幅度、频率、DOA、组网信息等。在多种特征参数估计正确的情况下,可以实现跳频网台分选。但有效特征参数的获取本身也比较困难,特别是组网信息要完成跳频信号检测、参数估计、解跳、解密等一系列处理后才能得到,比跳频网台分选问题还要困难。文献[101]从战场实际环境出发,提出了一种以跳频网台的频域信息、驻留时间信息、信号幅度等指纹特征为基础的时间相关算法,实现了对跳频网台信号的分选。但在实际应用中,跳频信号参数指纹特征的提取精度很难达到应用的要求。

3.基于盲分离的分选方法

由于盲分离能够在复杂的电磁环境下分离出源信号,且不需要知道源信号的先验知识和准确的阵列结构,众多学者对其进行了大量的研究。通信信号盲分离问题模型可表示为[102]

$$\boldsymbol{x}(t) = \boldsymbol{A}\boldsymbol{s}(t) + \boldsymbol{v}(t) \tag{1.1}$$

式中:$\boldsymbol{x}(t) = [x_1(t), x_2(t), \cdots, x_M(t)]^T \in \mathbb{C}^{M \times 1}$ 是 M 个阵元输出的观测信号;混合矩阵 $\boldsymbol{A} = [\boldsymbol{a}_1, \boldsymbol{a}_2, \cdots, \boldsymbol{a}_N] \in \mathbb{C}^{M \times N}$ 用于描述混合系统;$\boldsymbol{s}(t) = [s_1(t), s_2(t), \cdots, s_N(t)]^T \in \mathbb{C}^{N \times 1}$ 是 N 个源信号;$\boldsymbol{v}(t)$ 表示噪声。根据源信号数 N 与阵元数 M 的关系,盲分离(Blind Source Separation, BSS)问题可以分为以下三类[102]:当阵元数等于源信号数,即 $M = N$ 时,称为适定盲分离(Determined BSS);当阵元数大于源信号数,即 $M > N$ 时,称为超定盲分离(Overdetermined BSS);当阵元数小于源信号数,即 $M < N$ 时,称为欠定盲分离(Underdetermined BSS)。

文献[14]中,翟海莹等提出了基于盲分离的跳频网台分选技术,证明了盲分离在跳频网台分选中应用的可行性,分析了噪声、信号功率和信号相对带宽的影响。文献[15]将独立分量分析技术应用于混叠跳频信号的分离中,采用快速独立分量分析(Fast ICA)算法完成了跳频信号分离,原理与文献[14]相同。这两篇文献考虑的是超定的阵列接收情况,即阵元数大于信号数的情况。在复杂电磁环境下,很可能同时接收到多个跳频网台信号,而受系统复杂度或载体限制接收系统的阵元数不能任意增加,这使得接收到的混合信号个数往往大于阵元个数,因此需要在欠定的条件下恢复出多个跳频信号。目前欠定盲分离在跳频网台分选中的应用没有公开的相关文献,下面介绍其他领域中欠定盲分离理论研究现状。

对于欠定盲分离问题,已有较多文献进行了研究。Lewicki 等于 2000 年首次提出了稀疏分量分析(Sparse Component Analysis, SCA)方法[103],随后众多国内外学者对 SCA 类方法进行了深入研究并取得了丰硕的成果,使之成为解决欠定盲分离的主要方法。根据算法步骤的差异,欠定盲分离方法可以分为两大类:①混合矩阵和源信号联合估计法,该类方法过程复杂,且容易收敛到局部极值点;②"两步法",即先估计出混合矩阵,然后在混合矩阵已知的条件下利用信号的稀疏性完成源信号的分离。目前绝大多数欠定盲分离算法都采用"两步法",下面对混合矩阵估计和源信号分离的研究现状分别进行介绍。

(1)混合矩阵估计。混合矩阵盲估计是欠定盲分离的基础。目前混合矩阵盲估计方法主要包括以下三类。

1)基于稀疏聚类的混合矩阵估计。如果混合信号是充分稀疏的,那么利用聚类算法完成混合矩阵估计,其中聚类可以是直线聚类、平面聚类或其他聚类。首先 Bofill 等针对两个阵元数接收的特殊情况,提出了基于势函数聚类的混合矩阵估计算法[104-105],每个混合矢量在各个角度 $\theta \in [0, 2\pi]$ 上的势值不同,统计观测矢量的势函数值即可得出混合矩阵。Li 等针对任意阵元数的情况提出了基于 k-均值聚类的混合矩阵盲估计算法[54],把归一化的观测信号聚成 N 类,聚类结果就是混合矩阵。在此基础上,许多聚类算法被引入该领域,如 Fuzzy 聚类算法[108-109]、k-特征值分解聚类算法[110] 等。上述方法都假设源信号是充分稀疏的,即在同一时刻只存在一个源信号,这在实际应用中有一定的局限性。

针对非充分稀疏信号,Georgiev 等分析了对其进行欠定盲分离的条件,并提出了基于超平面聚类的欠定混合矩阵估计算法[52,113]。谢胜利等针对阵元数为 3 的情况,提出了基于平面聚类的混合矩阵估计算法[114],将超平面聚类转化为法线聚类,根据法线聚类结果对应平面族的交线估计出混合矩阵。Naini 等针对任意阵元数的情况,提出了基于子空间聚类的混合矩阵估计方法[115],该方法能够实现信号个数和混合矩阵的联合估计,但只考虑了线性瞬时混合的情况,并且计算复杂度随着观测阵元数的增加成指数增长。在很多应用场合下,源信号在某个变换域中往往并不是完全重叠的,每个源信号都存在一个或多个单源区域(在该区域内,只有一个源信号起主导作用)。因此,在这些应用场合可以首先检测混合信号在某变换域上的单源区域,再利用聚类来完成混合矩阵的估计。文献[116]和文献[117]选择时频域作为稀疏变换域,提出了基于时频比(TIFROM)的混合矩阵估计算法,通过计算接收混合信号时频比的方差来检测单源区域,再利用 k-均值聚类来完成混合矩阵的估计。文献[118]和文献[119]将 TIFROM 算法进行扩展,使其能够适应线性延时混合的情况。接着文献[53]改进了 TIFROM 算法,使得只需要每个源信号存在一些单源点,就可以完成混合矩阵的估计,放宽了信号的稀疏性假设。

2)基于超完备稀疏表示的混合矩阵估计。基于超完备稀疏表示的估计方法[120-126]需要首先假设源信号的概率分布,然后通过自适应迭代方法把混合矩阵和源信号同时估计出来。该类方法计算复杂,大多只考虑线性瞬时混合的情况,故应用范围有限,在此不展开叙述。

3)基于张量分解的混合矩阵估计。基于张量分解的估计算法利用源信号相互独立特性,要求各信号相互独立且非高斯,不需要设置初始参数,且估计精度较高,是一类重要的欠定混合矩阵盲估计算法,如基于张量分解的欠定混合矩阵估计算法[127]、基于四阶累积量的盲估计算法(FOBIUM)[128]、基于二阶统计量的欠定盲估计算法(SOBIUM)[129]等。但该类方法需要的观测样本数较多,高阶累积量及张量分解的计算复杂度太高。

考虑到跳频信号在时频域稀疏的特性,且各网台在时频域上频率发生冲突概率较小的情况,本小节重点给出了基于稀疏聚类的混合矩阵估计方法的研究现状,并将此类方法作为本书跳频信号混合矩阵估计的重点研究内容。现有稀疏聚类算法在多跳频信号的混合矩阵估计时还存在两个不足。一是单源域划分方法对算法性能影响较大,在实际应用中由于未知信号的稀疏状况,故无法得到有效的划分。二是基于时频单源点的聚类算法大多针对线性瞬时混合的情况,而跳频信号混合属于线性延时的情况,涉及复数向量聚类的问题[130]。

(2)源信号分离。常用的欠定源信号分离方法可分为以下三类:

1)基于稀疏重构理论的源信号分离。该方法利用源信号在时域或变换域上的稀疏特性,把信号盲分离问题转化为求解带稀疏性约束的欠定方程求解问题。其主要的方法包括l_p范数类算法[131-134]、迭代加权算法[78,135-136]以及贝叶斯稀疏学习方法[137-138]。该方法通过增加不同的稀疏性约束使目标解在满足欠定方程的条件下尽可能稀疏,因此,能够很好地完成稀疏信号的盲分离。但当混合信号中存在一个或多个非稀疏源信号时,算法将无法完成源信号的分离。

2)基于贝叶斯类方法的源信号分离。贝叶斯类方法[139-142]利用源信号概率分布的信息,即使源信号中存在非稀疏信号也能很好地完成分离。但现有文献依据的概率分布都是针对线性瞬时混合的情况,即分离信号为实数,而对复信号的概率分布很难描述,不能准确描述线性延迟情况的概率分布。

3)基于二元掩蔽法的源信号分离。假设在混合信号在某种变换域上尽可能稀疏,在该变换域的单点上同时存在的源信号数小于或等于阵元数,这样就可以通过二元掩蔽方法把欠定问题转化为局部适定或超定问题。常用的变换方法包括短时傅里叶变换、小波变换、离散余弦变换等。

针对混合信号在某种变换域上是充分稀疏的情况,文献[143]提出了通化解混合估计(Degenerate Unmixing Estimation Technique,DUET)算法,通过直方图统计各源信号到达接收系统的时间延迟和幅度衰减来构造时频二元掩蔽函数实现源信号分离。文献[144]通过平滑统计直方图改进了 DUET 算法,进一步提高了源信号的分离效果。文献[145]根据混合矢量的方向构造二元时频掩蔽函数来完成源信号分离。文献[146]将独立分量分析和二元时频掩蔽相结合,进一步提高了源信号分离的性能。文献[147]利用混合信号与混合矢量的厄密共轭角度构造二元遮蔽函数来分离源信号。这些方法都要求源信号在某种变换域上是充分稀疏的。

针对混合信号在某种变换域上非充分稀疏(存在部分混叠)的情况,文献[148]提出了基于子空间投影的欠定盲分离算法,只要任意时频点同时存在的源信号个数小于阵元数,就可以利用子空间投影原理确定任意时频点上源信号对应的混合矩阵,进而在超定的情况下分离源信号。文献[149]改进了子空间投影算法,通过准确估计每个时频点上的信号个数去除噪声的影响,提高源信号的分离性能。文献[150]提出了基于独立分量分析(ICA)与二元时频遮蔽相结合的欠定盲分离算法,用于提取混合信号中部分感兴趣的源信号。文献[151]提出了一种基于空间时频分布的欠定盲分离算法,可以适应时频点数存在的信号数等于阵元数的情况。文献[152]详细分析了基于时频分布算法的原理,通过张量分解的方法进一步放宽了稀疏性限制。但该算法需要假设源信号的自源点和互源点不重叠,然而在实际环境下该假设很难成立。文献[153]利用源信号之间的独立性,提出了基于矩阵对角化的源信号分离算法,能够适应任意时频邻域内适定的情况,但需要时频域合理划分,在信号时频分布未知的情况下很难得到最佳的划分。

二元掩蔽法由于计算简单,分离效果好,适用于线性瞬时、线性延迟及线性卷积三种混合方式,是目前最常用的欠定盲分离算法。但是,基于时频分布的已有方法都需要假设源信号的自源点和互源点不重叠,基于矩阵对角化的源信号分离算法需要假设源信号相对独立,且需要时频域划分,故实际应用中解决跳频信号的分离问题性能较差。子空间投影方法不需要上述假设,但要求源信号在任意时频点上同时存在的源信号数小于阵元数,如何进一步放宽分离算法对源信号稀疏性的要求值得进一步研究。

1.4　本书主要工作及内容安排

基于上述研究背景及现状的分析,本书针对单/多通道跳频信号侦察处理中存在的以下 4 个关键问题展开深入研究:单通道均匀采样跳频信号跳周期估计、单通道压缩采样跳频信号时频分析及跳时刻估计、多通道跳频信号实时处理以及基于欠定盲分离的跳频网台分选。全书分为 7 章,主要工作安排如下:

第 1 章阐述了研究背景及意义,描述了跳频信号侦察处理中存在的关键问题,然后从单通道和多通道两个方面分别介绍了跳频信号参数估计和网台分选问题的研究现状,最后给出了本书的主要工作及内容安排。

第 2 章给出了跳频信号的数学模型,介绍了常用的时频分析方法,并针对现有时频分析方法在跳频参数估计中存在的不足,充分利用跳频信号的时频稀疏特性提出了基于跳频信号时频图修正方法的跳周期估计算法。首先利用跳频信号时频图具有的双重时频稀疏特性,建立了带双重稀疏约束的时频图修正模型,然后利用匹配搜索算法求解得到了清晰的时频图,最后用聚类算法实现了跳周期估计。本章算法具有更强的信噪比适应能力,且适用于多网台跳频混合信号。

第 3 章针对压缩采样跳频信号,充分利用了跳频信号的稀疏性,提出了基于近似 l_0 范数最小化(AL0)算法的压缩采样跳频信号时频分析方法和基于 IOMP 算法的跳时刻精确估计方法。压缩采样跳频信号时频分析方法首先利用罚函数思想建立了跳频信号压缩采样数据无约束的稀疏重构模型;然后用 AL0 算法求解得出了跳频信号的时频图,可根据该时频图获取跳频信号的频率和粗估的跳时刻。跳时刻精确估计方法以跳变前后频率和粗估跳时刻为基础,建立了跳时刻估计的稀疏表示模型,用 IOMP 算法精确估计跳时刻。本章方法可以实现压缩采样跳频信号的时频分析和跳时刻精确估计,能够适用于多网台跳频混合信号。

第 4 章针对跳频信号实时处理问题,基于阵列接收提出了一种同时适用于异步和同步跳频信号的跳时刻、频率、DOA 的实时估计方法。首先借鉴用于运动信号谱估计的粒子滤波方法,实时估计各信号的阵列响应函数;然后通过恢复各跳频信号时域波形估计其频率,并结合阵列响应函数和信号频率的估计值解算信号波达方向;之后利用信号频率估计值建立了多个纯跳频信号混叠时观测数据的时域自回归移动平均(ARMA)模型,并基于该模型实现了对频率跳时刻的实时检测;最后借助跳频频率的连续性和方位信息实现了异步或同步组网电台的频率关联。该方法仅需要已知网台个数,能够适应任意结构的接收阵列,可以有效地实现对多个跳频信号信息的实时捕获,对跳频信号干扰的实时分离与抑制也具有较大的借鉴价值。

第 5 章针对跳频网台分选问题,提出了一种基于欠定盲分离的跳频网台分选算法。该算法采用经典的"两步法",根据跳频网台分选问题的特性,改进了基于时频比矩阵聚类的混合矩阵估计方法和基于子空间投影的信号分离算法。当进行混合矩阵估计时,首先计算全部时频支撑点对应的时频比矩阵,然后对时频比矩阵进行预处理,最后用 k-均值算法得出混合矩阵估计结果及各信号的相对功率。在估计出混合矩阵后,将信号相对功率与子空间投影算法相结合,实现跳频网台分选。改进的混合矩阵估计方法提高了混合矩阵的估计性能,改进的网台分选算法放宽了子空间投影算法的稀疏性限制,只要每个时频点上同时存在的网台个数不大于阵元数就能够实现跳频网台分选。

第 6 章针对无人机图传信号典型的跳频模式特点,主要从微型无人机跳频信号工作原理、微型无人机信号检测方法、微型无人机信号频域特征分析等方面对无人机信号跳频信号进行了分析,对无人机脉冲信号进行截取,利用频谱及功率谱分析,信噪比、时频特性分析等手段,分析了无人机信号特征,为后期无人机类型识别奠定了基础。本章从工程实践出发,结合当前低空安全防护热点问题,分析了微型无人机测控和图传信号的跳频特点,包括测控和图传信号跳周期、跳时刻、跳频频率等,并对微型无人机测控和图传信号跳频参数进行了估计,为反无人机探测打击系统研制提供了理论和技术支撑。

第 7 章对全书进行了总结,给出了本书的主要创新点,并对下一步研究方向进行了展望。

第 2~5 章研究内容之间的相互关系如图 1.5 所示。第 2、3 章研究单通道条件下跳频信号参数估计方法。第 2 章主要研究以现有时频分析手段为基础的跳周期估计问题,适用于均匀采样数据。第 3 章利用跳频信号的时频稀疏性,研究压缩采样跳频数据的时频分析和跳时刻估计问题,适用于压缩采样数据。第 4、5 章研究基于多通道的跳频信号侦察处理技术。第 4 章研究多通道跳频信号实时处理问题,包括跳时刻实时检测、频率和 DOA 的实时估计。第 5 章利用跳频信号的时频稀疏性,研究基于欠定盲分离的跳频网台分选方法。

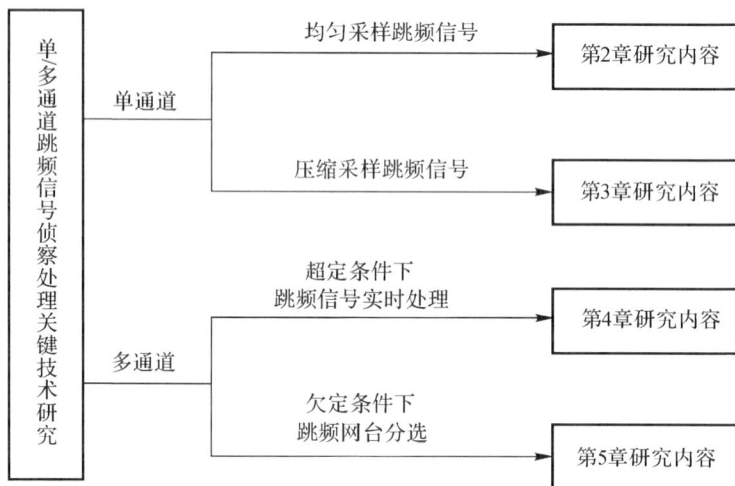

图 1.5　本书第 2～5 章研究内容结构框图

第2章　单通道均匀采样跳频信号
跳周期估计

2.1　引　　言

　　跳频信号是一种典型的非平稳信号,其载波频率受伪随机序列控制发生跳变,具有时变性和伪随机性。对于非平稳信号来说,仅仅分析时频或频域是不全面的,只有使用时频二维联合分析的方法才能有效描述其局部信息。因此,时频分析是处理非平稳信号最有力的工具之一,在跳频信号侦察处理中可发挥重要作用。

　　目前,典型的时频分析方法可分为线性变换和非线性变换[154]。线性变换的时频分析方法包括短时傅里叶变换、小波变换、Gabor变换等,时频分辨率较差。非线性变换的时频分析方法以维格纳分布(WVD)为代表,具有较高的时频分辨率,但存在交叉项的干扰。对WVD过程加时频窗,可得到平滑伪维格纳分布(SPWD),克服了交叉项的干扰,但其代价是时频分辨率降低。尽管重排方法和组合时频分析方法能够提高时频分析结果的清晰度,但仍不能通过简单的划定门限来实现参数估计。在利用时频分析结果估计跳频周期时,现有方法大都利用了各时刻沿频率轴最大值序列的规律性[2-7],存在的不足是信噪比适应能力较弱且仅适用于单网台跳频信号。

　　针对噪声、突发信号、定频信号等干扰存在的复杂环境,文献[32]提出一种时频图修正方法,可以去除时频图上其他干扰信号,实现跳频信号的检测和参数估计。该方法利用局部阈值判断实现时频图矩阵的二进制化,然后根据不同体制信号的时频特性去除跳频以外的信号。该方法给现有时频分析结果的利用提出了很好的思路,其不足是处理过程中门限较多,且对误判时频点的修正能力较弱。

　　为了使现有时频分析方法能够更好地估计跳周期且适应多网台信号,本书提出了一种基于时频图修正方法的跳周期估计算法。该方法首先利用跳频信号时频图具有的双重时频稀疏特性,建立带双重稀疏约束的时频图修正最优化模型;然后利用匹配搜索算法求解该模型得到二进制化的时频矩阵;最后统计该矩阵中各段幅度为 1 的信号持续时长来估计跳周期。

本章的内容安排如下:2.2 节给出跳频信号的数学模型;2.3 节介绍 STFT、WVD 及 SPWD 等时频分析方法,并分析现有跳周期估计方法的不足;2.4 节提出基于时频图修正方法的跳周期估计算法;2.5 节通过仿真实验分析验证本书提出算法的有效性;2.6 节为本章小结。

2.2　跳频信号的数学模型

1. 单通道跳频信号数学模型

根据跳频信号的产生原理,本书采用如下符号来描述单通道接收跳频信号的数学模型。假设在观测时间 T 内有 N 个跳频信号进入接收机,接收的跳频信号可表示为

$$y(t) = \sum_{n=1}^{N} s_n(t) + v(t) \tag{2.1}$$

式中:$y(t)$ 是接收的 N 个跳频信号与噪声的叠加;$s_n(t)$ 表示第 n 个跳频信号;$v(t)$ 表示零均值、方差为 σ^2 的加性高斯白噪声。对于第 n 个跳频信号,设其跳周期为 T_n,在观测时刻 T 内共包含 K 个跳(hop),第 k 跳对应的载频为 f_{nk},起始跳的持续时长为 αT_n,则 $s_n(t)$ 可以表示为

$$\left. \begin{aligned} s_n(t) &= a_n \sum_{k=1}^{K} \exp\left[\mathrm{j}(2\pi f_{nk} t' + \phi_{nk}) \right] \mathrm{rect}\left(\frac{t'}{T_n} \right) \\ t' &= t - kT_n - \alpha T_n \end{aligned} \right\} \tag{2.2}$$

式中:a_n 是信号 $s_n(t)$ 的幅度;ϕ_{nk} 是信号 $s_n(t)$ 第 k 个 hop 的初相;$\mathrm{rect}(t)$ 表示单位矩形脉冲函数。接收的信号经过数字采样后的表达式为

$$\left. \begin{aligned} s_n(i) &= a_n \sum_{k=0}^{K-1} \exp\left[\mathrm{j}(\omega_{nk} i' + \varphi_{nk}) \right] \mathrm{rect}\left(\frac{i' T_s}{T_n} \right) \\ i' &= \lfloor i - kT_n/T_s - \alpha T_n/T_s \rfloor \end{aligned} \right\} \tag{2.3}$$

对应式(2.1)的数字化含噪接收模型为

$$y(i) = \sum_{n=1}^{N} s_n(i) + v(i) \tag{2.4}$$

式中：$i \in \{0,1,\cdots,L-1\}$，$L = \lfloor T/T_s \rfloor$ 为采集数据长度；$\omega_{nk} = 2\pi f_{nk} T_s$。

将式（2.4）以矢量形式表示为

$$y = \sum_{n=1}^{N} s_n + v \tag{2.5}$$

2. 多通道跳频信号数学模型

对于阵列组成的多通道接收系统，假设已知个数的 N 个跳频信号同时入射到 M 元阵列上，信号到达不同阵元存在时延。以均匀线阵为例，假设阵元间距为 D，N 个信号的入射方向分别为 $\boldsymbol{\Theta} = [\theta_1,\theta_2,\cdots,\theta_N]$，在某个频率驻留时间内的频率分别为 $\boldsymbol{F} = [f_1,f_2,\cdots,f_N]$，接收机采样间隔为 T_s，并记 $\omega_n = 2\pi f_n T_s$，$\phi_n = 2\pi f_n D\cos\theta_n/C$ $(n=1,2,\cdots,N)$，其中 C 为电磁波的传播速度，则在该频率驻留时间内，阵列接收系统采集的样本可表示为

$$x_t = \sum_{n=1}^{N} a_n \rho_n \mathrm{e}^{\mathrm{j}(t-1)\omega_n} + v_t = A s_t + v_t \tag{2.6}$$

式中：$A = [a_1,a_1,\cdots,a_N]$；$s_t = [\rho_1 \mathrm{e}^{\mathrm{j}(t-1)\omega_1},\rho_2 \mathrm{e}^{\mathrm{j}(t-1)\omega_2},\cdots,\rho_N \mathrm{e}^{\mathrm{j}(t-1)\omega_N}]^{\mathrm{T}}$；$\rho_n$ $(n=1,2,\cdots,N)$ 中包含了第 n 个信号的幅度和初始相位信息；a_n 表示各通道对第 n 个信号的阵列响应；v_t 表示接收机观测噪声。在均匀线阵的情况下，$a_n = [1,\mathrm{e}^{\mathrm{j}\phi_n},\cdots,\mathrm{e}^{\mathrm{j}(M-1)\phi_n}]^{\mathrm{T}}$。

2.3　常规时频分析方法及跳周期估计方法

理想的跳频信号时频图应该能够正确反映跳时刻、跳周期和频率等信息，时频图中非零位置完全对应存在跳频信号的时频位置。跳频信号的时频图可以用多种时频分析方法获得，但不同的时频分析方法得到的时频图性能和特点不同，有的过程简单但时频分辨率较差，有的能量集中但包含交叉项，算法复杂度也有较大差距。

典型的时频分析方法分为线性变换和非线性变换。线性时频变换是指信号的时频变换结果仍保持变换前的线性关系，假设信号 $z(t)$ 由 $y(t)$ 和 $x(t)$ 线性组成，即 $z(t) = ax(t) + by(t)$，其时频变换分别为 $P_z(t,f)$、$P_y(t,f)$ 和 $P_y(t,f)$，则有

$$P_z(t,f) = aP_x(t,f) + bP_y(t,f) \tag{2.7}$$

满足这种性质的时频变换称为线性时频变换。非线性时频变换是指时频变换结果不满足变换前的线性关系，以二次时频变换方法为主。令 $z(t)$、$y(t)$

和 $x(t)$ 的二次时频变换分别为 $P_z(t,f)$、$P_y(t,f)$ 和 $P_x(t,f)$,则有

$$P_z(t,f) = |a|^2 P_x(t,f) + |b|^2 P_y(t,f) + 2ab\mathrm{Re}[P_{xy}(t,f)] \quad (2.8)$$

式中:$P_x(t,f)$ 与 $P_y(t,f)$ 分别称为 $x(t)$,$y(t)$ 的"自时频分布"(简称"自项"),$P_{xy}(t,f)$ 称为 $x(t)$ 与 $y(t)$ 两信号的"互时频分布"(简称"交叉项")。

下面以线性时频变换中的 STFT,非线性时频分布中的 WVD、PWVD 和 SPWD 这三种时频分析方法为例,简要介绍现有时频分析方法的原理和特点。

2.3.1　短时傅里叶变换

令 $g(t)$ 是持续时间较短的窗函数,则信号 $x(t)$ 的短时傅里叶变换定义为[154]

$$X(t,f) = \int_{-\infty}^{+\infty} x(\tau) g^*(\tau - t) \mathrm{e}^{-\mathrm{j}2\pi ft} \, \mathrm{d}\tau \quad (2.9)$$

STFT 的原理是首先用时域窗函数 $g(\tau)$ 去截取信号 $x(t)$,然后对截取后的局部信号作傅里叶变换即可得到该时刻的短时傅里叶谱。不断地移动窗函数 $g(\tau)$ 的中心位置,即可得到不同时刻的短时傅里叶谱,这些傅里叶变换的集合即为 STFT 结果。

由式(2.9)可知,STFT 的时频分辨率取决于窗函数的宽度。窗函数越窄,STFT 的时间分辨率越高,但频率分辨率越低;窗函数越宽,反之。时间分辨率和频率分辨率是一对矛盾的物理量,对于有限能量的任意信号,其时宽 T 和带宽 B 的乘积总是满足

$$BT \geqslant \frac{1}{2} \quad (2.10)$$

这就是时频不确定性原理,也称测不准原理。一般可以根据实际应用场景选取合适的窗函数,以得到折中的时频分辨率。

2.3.2　WVD 及其推广形式

Cohen 于 20 世纪 60 年代发现众多的时频分布只是 WVD 的变形,并可以用一般形式统一表示为

$$P_x(t,f) = \iiint x(u + \tau/2) x^*(u - \tau/2) \varphi(\tau,v) \, \mathrm{e}^{-\mathrm{j}2\pi(tv + \tau f - uv)} \, \mathrm{d}u\mathrm{d}v\mathrm{d}\tau$$

$$(2.11)$$

因此二次时频分布又称为 Cohen 类时频分布。式(2.11)中,$\varphi(\tau,v)$ 称为核函数,不同的核函数对应不同的时频分布[154]。

取式(2.11)中的核函数取 $\phi(\tau, v) \equiv 1$,得到维格纳分布(WVD),表达式为

$$W_x(t, f) = \int_{-\infty}^{+\infty} x(t + \tau/2) x^*(t - \tau/2) \mathrm{e}^{-\mathrm{j}2\pi f\tau} \mathrm{d}\tau \qquad (2.12)$$

WVD 有较高的时间和频率分析精度,但对于多分量信号,由于存在大量的交叉项,会产生"虚假信号"。交叉项是二次时频分布的固有结果,由多信号分量相互作用产生,即便两个信号分量在时频上相距很远,但它们的 WVD 交叉项仍会出现。如何抑制交叉项成了设计和使用时频分布时一个关键的问题。针对这个问题,出现了几种 WVD 的推广形式。

对相关函数加时域窗 $h(\tau)$,即式(2.11)中核函数为时域窗,得到伪维格纳分布(PWVD),表达式为

$$\mathrm{PWVD}_x(t, f) = \int h(\tau) x(t + \tau/2) x^*(t - \tau/2) \mathrm{e}^{-\mathrm{j}2\pi f\tau} \mathrm{d}\tau \qquad (2.13)$$

PWVD 相当于 WVD 和时域窗函数频谱 $H(f)$ 在频域上卷积,即

$$\mathrm{PWVD}_x(t, f) = W_x(t, f) * H(f) \qquad (2.14)$$

为了更好地去除交叉项,对相关函数同时添加时域窗 $h(\tau)$ 和频域窗 $g(v)$,即核函数取 $\phi(\tau, v) = h(\tau)g(v)$,得到平滑伪维格纳分布,表达式为

$$\mathrm{SPWD}_x(t, f) = \iint h(\tau) g(v) x(t - v + \tau/2) x^*(t - v - \tau/2) \mathrm{e}^{-\mathrm{j}2\pi f\tau} \mathrm{d}v\mathrm{d}\tau$$

$$(2.15)$$

式中:$h(\tau)$ 与 $g(v)$ 是两个窗函数,等价于对 WVD 同时进行时域和频域平滑,因此大大减少了交叉项,但时间和频率的分辨精度较 WVD 有所下降,并且增大了计算量。

针对以上时频分析方法,设置跳频信号参数。跳频信号 1 的仿真参数如下:跳速为 500 hop/s,归一化的跳频频率依次为$\{0.1, 0.2, 0.08, 0.14,$ $0.09, 0.18, 0.06\}$。跳频信号 2 的参数如下:跳速为 400 hop/s,归一化的跳频频率依次为$\{0.28, 0.26, 0.42, 0.30, 0.35, 0.38\}$。采样率设置为 1 MHz,信噪比为 10 dB。STFT、WVD、PWVD、SPWD 的时频分析结果如图 2.1 所示。

上述仿真中采用的时域窗函数是 128 点的汉明窗,滑动间隔为 20 个采样点。从图 2.1 中可以看出:WVD 存在严重的交叉项干扰,部分交叉项的幅度甚至高于信号项,在很多场合无法直接应用;PWVD 能够滤除 WVD 中的小部分交叉项,但仍然存在交叉项;SPWD 能够有效滤除大部分交叉项,但计算量较大;STFT 中不存在交叉项,时频分辨率较低,但计算量最小,在工程中容易实现。

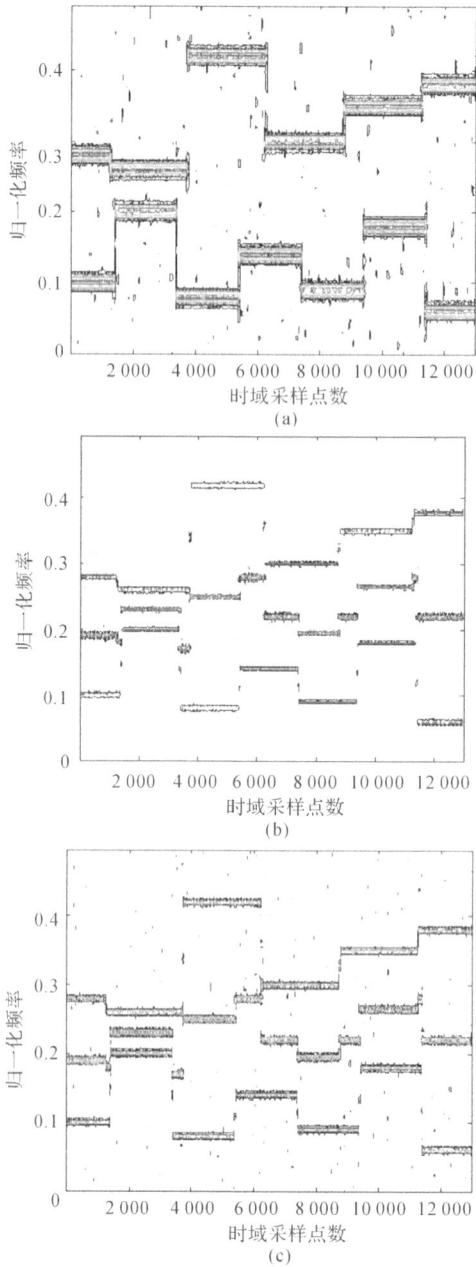

图 2.1　STFT、WVD、PWVD、SPWD 的时频分析结果
(a)STFT；　(b)WVD；　(c)PWVD

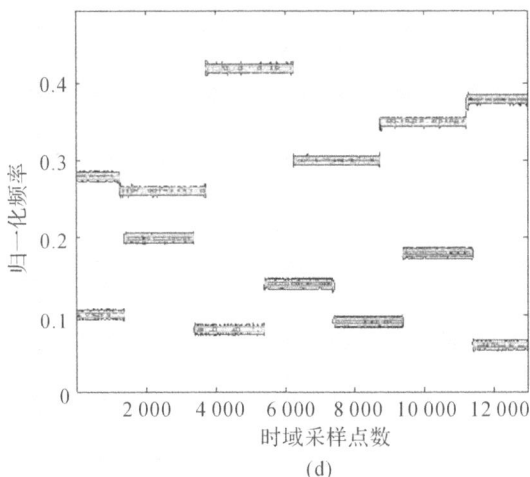

续图 2.1　STFT、WVD、PWVD、SPWD 的时频分析结果

(d)SPWD

2.3.3　现有跳周期估计方法

已有较多文献对基于时频分析的跳周期估计方法进行了研究,文献[2]首次提出了用 PWVD 方法来估计跳周期,首先用 PWVD 方法对跳频数据进行时频分析,然后提取时频图中各时刻沿频率轴的最大值序列 $y(n)$,最后根据序列 $y(n)$ 的周期性估计跳周期。接下来,学者们分别用 SPWD[3]、小波[4] 及重排 SPWD[7] 等时频分析方法进行跳频信号的跳周期估计,算法原理与文献[2]基本相同。本小节以 SPWD 方法为例来介绍现有跳周期估计算法。

在单信号的情况下,每个时刻仅存在一个有效频率,则最大值序列 $y(n)$ 中对应跳时刻的值要小于其他时刻的值。跳速与时频分析窗长的关系会影响从序列 $y(n)$ 中估计跳周期的性能,下面首先来介绍跳频信号按跳速的分类方法。

跳频信号可按照跳速快慢进行分类,常用的划分方法有两种[16]:一种是按绝对跳速划分,一般认为 $100 \sim 1\,000$ hop/s 为中速跳频,小于该范围为低速跳频,大于该范围为高速跳频[83]。另一种分法是根据跳速与信息符号速率的关系划分,跳频速率低于符号速率称为慢速跳频系统,反之称为快速跳频系统。第一种划分方法便于实际应用,但不便于理论研究;第二种分类方法便于理论研究,但按此方法划分,目前几乎所有的跳频设备都属于低速跳频。为了区分加窗长度对不同跳速跳频信号时频分析的影响,本书采用如下划分方法:跳周期小于两倍加窗长度为快速跳频;反之就是慢速跳频。

对于快速跳频信号,在时频图上其每跳呈山峰状,峰值位置对应跳的中心时刻。其跳周期估计方法步骤如下:(跳频信号跳速为 5 000 hop/s,其余参数与 2.3.2 节中跳频信号 1 相同)

(1)根据式(2.15)计算的 SPWD,如图 2.2 所示;

(2)计算各时刻 SPWD 的最大值,组成最大值序列 $y(n)$,如图 2.3(a)所示;

(3)计算序列 $y(n)$ 的 FFT 频谱,其第一峰值位置的倒数即为跳周期的估计,如图 2.3(b)所示。

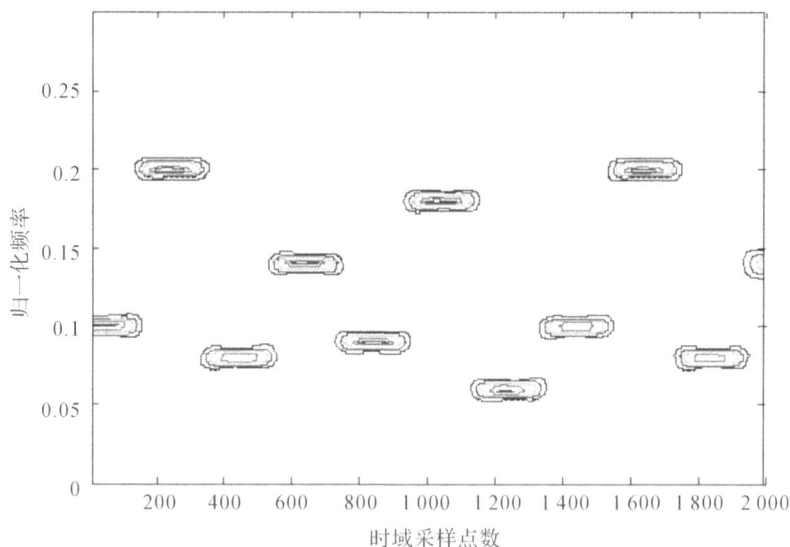

图 2.2　快速跳频信号的 SPWD 结果

将上述跳频信号的跳速降低为 200 hop/s,其他参数不变,采用相同的分析方法获得的结果如图 2.4 所示。由于慢速跳频信号每跳时间较长(跳持续时长远大于时频分段长度),每跳内的波动会给频谱引入许多干扰,且相同观测时间内慢速跳频信号包含跳数较少,使得上述快速跳频信号的跳周期估计方法不能适用于慢速跳频信号的跳周期估计。各采样时刻 SPWD 的最大值序列 $y(n)$ 的 FFT 频谱如图 2.4(b)所示,很难从图中提取跳周期对应的峰值。

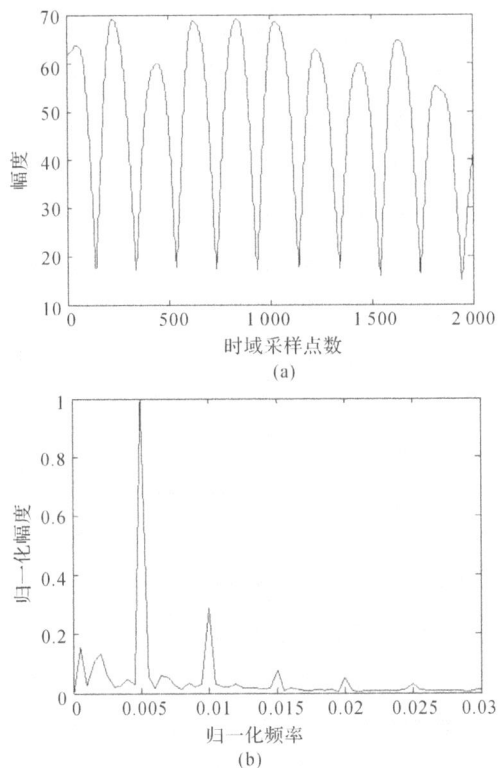

图 2.3　快速跳频信号 SPWD 各时刻沿频率轴的最大值序列及其 FFT 频谱
(a)SPWD 各采样时刻沿频率轴的最大值序列；　(b)最大值序列 FFT 频谱

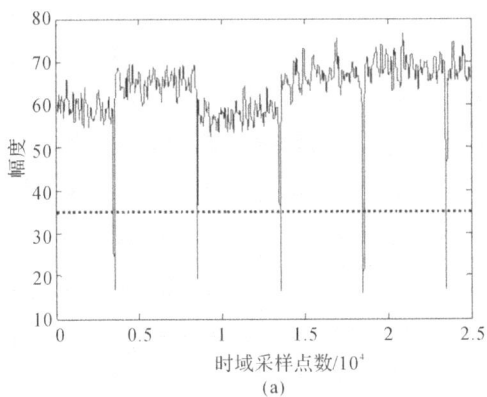

图 2.4　慢速跳频信号 SPWD 各时刻沿频率轴的最大值序列及其 FFT 频谱
(a)SPWD 各采样时刻沿频率轴的最大值序列

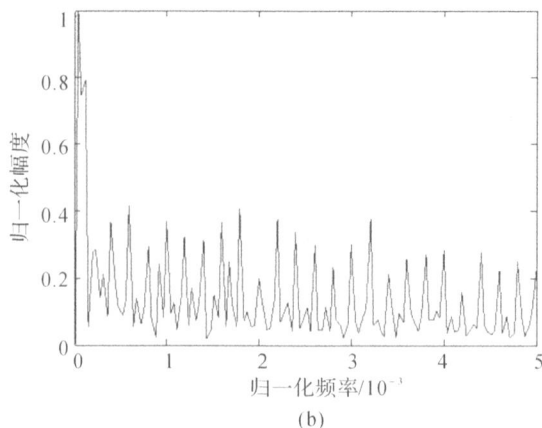

续图 2.4 慢速跳频信号 SPWD 各时刻沿频率轴的最大值序列及其 FFT 频谱
(b)最大值序列 FFT 频谱

因为慢速跳频信号 SPWD 谱最大值序列存在周期性比较尖锐的局部极小值(简称为负脉冲),如图 2.4(a)所示,文献[3]中通过搜索序列 $y(n)$ 中小于门限的局部极小值位置来获得跳时刻,然后进行跳时刻差分估计跳周期,虚线表示设定的搜峰门限。

假设在跳频信号跳时刻处仍存在另外一个功率相当异步网台跳频信号,则该时刻对应 SPWD 的最大值由分段时间内不存在跳时刻的跳频信号功率决定,不会因为一个跳频信号的频率跳变而减小,故最大值序列 $y(n)$ 中不存在跳时刻形成的负脉冲(见 2.5.3 节的仿真结果)。因此,这些跳周期估计方法适应能力有限。

2.4 基于时频图修正方法的跳周期估计算法

为了使常规方法获得的时频图能够更好地用于跳周期估计且适应多网台跳频信号情况,本节提出了一种基于时频图修正方法的跳周期估计算法,算法流程如图 2.5 所示。算法分为两个步骤:时频图修正和跳周期估计。时频图修正方法以常规时频分析方法获得的时频图为处理对象,首先根据跳频信号时频图应具有的时频稀疏性建立时频图修正模型,然后用匹配搜索算法(MS)求解最优二进制化时频图。在估计跳周期时,首先统计各时刻存在信号的个数得出网台个数,然后提出了中心遍历的聚类方法,将修改后时频图中幅度连续为 1 m 各段信号的长度进行聚类得估计跳周期。该修正方法要求原始时频图不包含交叉项,STFT、Gabor、SPWD 变换等不包含交叉项的时频分析方法产生的原始时频图均可以作为修正样本。

图 2.5　基于时频图修正方法的跳周期估计算法流程图

下面首先介绍时频图修正方法的稀疏求解模型,然后给出模型的求解方法并理论分析模型参数的选取标准,最后给出网台个数和跳周期的估计方法。

2.4.1　最优化求解模型

考虑到跳频信号双重时频稀疏的特点[9],如果用二进制矩阵 $\boldsymbol{B}$ 表示跳频信号的时频矩阵,矩阵 $\boldsymbol{B}$ 应满足以下两个稀疏特性:

(1)时频点稀疏。矩阵 $\boldsymbol{B}$ 中大部分元素为 0,仅跳频信号时频点对应的元素非零。

(2)各行差分稀疏。由于跳频信号的每一跳有一定的持续时间,所以如果不发生频率跳变则矩阵 $\boldsymbol{B}$ 的相邻列相同,因此按时间差分后的矩阵具有稀疏性。

依据上面两个稀疏性限制,想要用矩阵 $\boldsymbol{B}$ 表示真实的跳频信号时频矩阵,可以通过求解式(2.16)最优化问题来估计稀疏矩阵 $\boldsymbol{B}$。

$$\underset{\boldsymbol{B}\in\mathbf{R}^{P\times N}}{\arg\min}\big[\,\|(\boldsymbol{A}-\boldsymbol{B}\odot\boldsymbol{A})\,\|_{(1)}+\mu_1\,\|\boldsymbol{B}\|_0+\mu_2\,\|\boldsymbol{B}\boldsymbol{\cdot}\boldsymbol{D}\|_0\,\big] \qquad (2.16)$$

式中:$\boldsymbol{A}$ 表示常规时频分析方法得到的时频矩阵,$\boldsymbol{B}$ 与 $\boldsymbol{A}$ 都是 $P\times N$ 维矩阵,定义 $a_{p,n}$、$b_{p,n}$ 分别为矩阵 $\boldsymbol{A}$ 和 $\boldsymbol{B}$ 的第 p 行第 n 列的元素。

矩阵的 l_0 范数表示矩阵中非零元素的个数,矩阵的(1)范数定义为

$$\|\boldsymbol{A}\|_{(1)}=\sum_{p=1}^{P}\sum_{n=1}^{N}|a_{p,n}| \qquad (2.17)$$

$\boldsymbol{B}\odot\boldsymbol{A}$ 表示矩阵的 Hadamard 积,$\boldsymbol{B}\boldsymbol{\cdot}\boldsymbol{D}$ 表示矩阵 $\boldsymbol{B}$ 的列差分结果,其中

$$D = \begin{bmatrix} 0 & -1 & & & \\ & 1 & -1 & & \\ & & 1 & \ddots & \\ & & & \ddots & -1 \\ & & & & 1 \end{bmatrix} \quad (2.18)$$

$\|B\|_0$ 代表元素稀疏度，$\|B \cdot D\|_0$ 代表时频差分稀疏度，μ_1、μ_2 分别是两个稀疏性约束的代价因子。由于 B 是二进制矩阵，因此其 l_0 范数与其 (1) 范数相等。下面将研究该最优化问题的求解方法及 μ_1、μ_2 的取值标准。

2.4.2 匹配搜索算法

式(2.16)中最优化问题的目标解是矩阵 B。根据式(2.16)可知，矩阵 B 的最优化等价于矩阵的每行单独进行最优化，本书采用匹配搜索算法(MS)来求解。首先根据矩阵 A 的噪声情况设定一个门限 λ，初始化矩阵 B 中的全部元素为 $b_{p,n}^0 = \begin{cases} 1, & a_{p,n} > \lambda \\ 2, & a_{p,n} \leqslant \lambda \end{cases}$。$\lambda$ 的取值与噪声水平有关，需要保证矩阵 B 中噪声对应的元素大部分为 0。

在匹配搜索算法中需要设定评价搜索结果优劣的指标，本章将矩阵 B 的适应度函数作为指标，表示为

$$f(B) = \|(A - B \odot A)\|_{(1)} + \mu_1 \|B\|_0 + \mu_2 \|B \cdot D\|_0 \quad (2.19)$$

令 $B = [b_1^T \quad b_2^T \quad \cdots \quad b_P^T]^T$，$A = [a_1^T \quad a_2^T \quad \cdots \quad a_P^T]^T$，$a_p, b_p \in \mathbb{R}^{1 \times N}$ 是行向量，$1 \leqslant p \leqslant P$，则式(2.16)等价于式(2.20)取最小值。

$$f(b_p) = \|(a_p - b_p \odot a_p)\|_{(1)} + \mu_1 \|b_p\|_0 + \mu_2 \|b_p \cdot D\|_0 \quad (2.20)$$

因此，如果能够根据式(2.20)得出全部行向量 b_p 的最优解，那么可以得到矩阵 B 的最优解。实际上，p 的取值范围要根据接收机的带宽合理设定以提高计算效率。

匹配搜索算法求解式(2.20)的过程如下所示。

(1)将 b_p 分为 M 组，即 $b_p = [b_{p1}, b_{p2}, \cdots, b_{pM}]$，$b_{pM}$ 中元素相同，且与相邻的组不同。

(2)依次取 $\tilde{m} = 1 \sim M$，对第 $\tilde{m}$ 组取反得

$$b_p^{\tilde{m}} = [b_{p1}, b_{p2}, \cdots, \tilde{b}_{p\tilde{m}}, \cdots, b_{pM}] \quad (2.21)$$

式中：$\tilde{b}_{p\tilde{m}} = \text{mod}(b_{p\tilde{m}} + 1, 2)$。

计算适应函数值：

$$f(\tilde{m}) = f(b_p^{\tilde{m}}) - f(b_p) \quad (2.22)$$

（3）查找使式（2.22）最小的 m，即 $m=\underset{m}{\arg\min}\{f(\widetilde{m})\}$。若 $f(m)<0$，则令 $\boldsymbol{b}_p=\boldsymbol{b}_p^m$ 并返回步骤（1）；否则终止算法。

2.4.3　有效性分析及参数选取

本书假设通过门限 λ 的设定可以去除时频矩阵 $\boldsymbol{A}$ 中的大部分噪声元素，并保留大部分信号元素，在实际应用中此假设是合理的。对门限硬判决后的矩阵修正主要针对两种情况：一是漏值点，即信号对应的时频点被初始化为 0；二是虚值点，即噪声对应的时频点被初始化为 1。下面分别分析两种情况对本书算法的影响。

（1）修正漏值点。假设向量 $\boldsymbol{b}_p$ 中信号对应的元素有连续 L 个被初始化为 0，表示为 $\boldsymbol{b}_{pm}=\{b_{p,j}\quad b_{p,j+1}\quad \cdots\quad b_{p,j+L-1}\}$，即这 L 个元素的值小于门限 λ。按照式（2.22）计算 $f(m)$ 得

$$f(m)=f(\boldsymbol{b}_p^m)-f(\boldsymbol{b}_p)=\begin{cases} L\mu_1-\left(\sum_{n=j}^{j+L-1}a_{p,n}^S+2\mu_2\right),\quad j>1 \text{ 且 } j+L-1<N \\ L\mu_1-\left(\sum_{n=j}^{j+L-1}a_{p,n}^S+\mu_2\right),\quad \text{其他} \end{cases}$$

(2.23)

式中：$a_{p,n}^S$ 表示信号在时频点 (i,j) 的幅度。

（2）修正虚值点。假设向量 $\boldsymbol{b}_p$ 中噪声对应的元素有连续 L 个被初始化为 1，表示为 $\boldsymbol{b}_{pm}=\{b_{p,j}\quad b_{p,j+1}\quad \cdots\quad b_{p,j+L-1}\}$，即这 L 个元素的值大于门限 λ。按照式（2.22）计算 $f(m)$ 得

$$f(m)=f(\boldsymbol{b}_p^m)-f(\boldsymbol{b}_p)=\begin{cases} \sum_{n=j}^{j+L-1}a_{p,n}^N-(L\mu_1+2\mu_2),\quad j>1 \text{ 且 } j+L-1<N \\ \sum_{n=j}^{j+L-1}a_{p,n}^N-(L\mu_1+\mu_2),\quad \text{其他} \end{cases}$$

(2.24)

式中：$a_{p,n}^N$ 表示噪声在时频点 (i,j) 的幅度。

欲同时修正漏值点和虚值点，要求式（2.23）、式（2.24）同时满足 $f(m)<0$。当 $\boldsymbol{b}_{pm}$ 包含起点或末点时，要求

$$L\mu_1<\sum_{n=j}^{j+L-1}a_{p,n}^S+\mu_2 \quad \text{且} \quad L\mu_1>\sum_{n=j}^{j+L-1}a_{p,n}^N-\mu_2 \qquad (2.25)$$

当 $\boldsymbol{b}_{pm}$ 不包含起点或末点时，要求

$$L\mu_1 < \sum_{n=j}^{j+L-1} a_{p,n}^S + 2\mu_2 \text{ 且 } L\mu_1 > \sum_{n=j}^{j+L-1} a_{p,n}^N - 2\mu_2 \quad (2.26)$$

由式(2.26)可知,MS 算法引入了 μ_2 来辅助修正,提高了信噪比适应能力。从式(2.25)和式(2.26)中可以看出,μ_2 取值越大,算法的信噪比适应能力越强。但是,μ_2 取值不能过大,否则会导致真实信号被删除。设跳周期对应时频点长度为 L_T,当 $\mu_2 > \left(\sum_{n=j}^{j+L_T-1} a_{p,n}^S - L_T\mu_1 \right) \Big/ 2$ 时,该跳信号对应的时频点被赋值为 0,造成漏跳。

通过上面的分析,对于 MS 算法 μ_1 一般取值为时频图最大值的 $0.4 \sim 0.6$ 倍,μ_2 一般取值为时频图最大值的 $0.4 \sim 0.8$ 倍,根据实际跳频信号跳周期和噪声情况做出适当调整。

2.4.4 网台个数及跳周期估计

2.4.4.1 网台个数估计

令 $B_i (1 \leqslant i \leqslant N)$ 表示修正后时频图矩阵 B 的第 i 列,则 B_i 对应某时刻 t_i 跳频信号的频谱。在修正后的时频图中,信号对应的时频域值为 1。当在 t_i 时刻存在多跳频网台时,列矢量 B_i 中应该包含多段取值为 1 的元素,B_i 中值为 1 的元素个数记为 k_i。令 $k = [k_1, k_2, \cdots, k_N]^T$,则向量 k 中每个元素对应一个时刻的信号个数。统计向量 k 中出现次数最多的项作为估计的网台个数。

2.4.4.2 跳周期估计

本书算法修正后的时频图为二进制矩阵,矩阵 B 中各行元素值连续为 1 的长度即为各跳的持续时间,将提取出的全部长度记为 $T' = [T_1', T_2', \cdots, T_L']$。通过对矢量 T' 进行聚类可以估计跳频周期。但由于聚类个数未知,不能用网台个数做为聚类个数(不同网台的跳周期可能相同),故不能使用 k - means 聚类算法。为了实现跳周期聚类,本书提出了基于中心遍历的聚类方法,该方法不需要设置初值和聚类个数,可以完成周期个数与跳周期的同时估计。该算法首先设定跳周期聚类门限 ε_1(一般取 $2 \sim 4$ 即可),若两个长度值 T_i' 与 T_j' $(1 \leqslant i, j \leqslant L)$ 满足式(2.27),则认为是一类,否则不是。

$$|T_i' - T_j'| \leqslant \varepsilon_1 \quad (2.27)$$

对每个长度值 T_i',用式(2.27)判断 T' 中与其是同类的个数 c_i 并记录这些

元素的位置 $[T'_{i_1}, T'_{i_2}, \cdots, T'_{i_{c_i}}]$。定义个数门限 ε_2，若 $c_i < \varepsilon_2$，则认为该周期为虚假周期。门限 ε_2 的确定与采集数据中包含的跳数有关，令 $K_{\min}$ 表示观测数据中可能包含跳数的最小值，可设定 $\varepsilon_2 = \lfloor K_{\min}/2 \rfloor$。提取 $\boldsymbol{C} = [c_1, c_2, \cdots, c_L]$ 中最大值 c_m，若 $c_m \geqslant \varepsilon_2$，则 c_m 对应的元素的平均值作为跳周期的估计值，即

$$\hat{T} = \frac{1}{c_m} \sum_{i=1}^{c_m} T'_{i_1} \tag{2.28}$$

将 c_m 对应的元素去掉，得到新的个数向量 $\boldsymbol{C}$，重复上述操作即可得到其他跳周期的估计。基于中心聚类的跳周期估计方法的步骤如下：

(1) 提取矩阵 $\boldsymbol{B}$ 中各行元素值连续为 1 的长度，即各跳的持续时间 $\boldsymbol{T'} = [T'_1, T'_2, \cdots, T'_L]$；

(2) 对每个长度值 T'_i，用式(2.27)判断 $\boldsymbol{T'}$ 中与其是同类的个数 c_i 并记录元素位置 $[i_1, i_2, \cdots, i_{c_m}]$；

(3) 提取 $\boldsymbol{C}^{(0)} = [c_1, c_2, \cdots, c_L]$ 中的最大值 c_m，若 $c_m \geqslant \varepsilon_2$，则依据式(2.28)估计跳周期；

(4) 去除 $\boldsymbol{C}^{(0)}$ 中位置为 $[i_1, i_2, \cdots, i_{c_m}]$ 的元素，得到新的信号的个数向量 $\boldsymbol{C}^{(1)} = [c_1, c_2, \cdots, c_L']$；

(5) 将 $\boldsymbol{C}^{(1)}$ 重复步骤(3)和(4)，直到得到的最大值 $c_m < \varepsilon_2$，或者已聚类个数大于或等于网台数，算法结束。

2.5　仿真实验与分析

为了验证本书算法的有效性，本节设置了 3 个仿真场景。仿真 1 通过处理低信噪比下单网台跳频信号的时频图来验证算法修正时频图的能力；仿真 2 验证本书算法估计跳频周期的正确性和优势；仿真 3 验证本书算法对多网台跳频信号的适应能力。根据实际情况，设置中频接收机中频的中心频率 f_0 和带宽 W 分别为 30 MHz 和 20 MHz。

2.5.1　时频图修正能力仿真

设定跳频信号参数如下：跳频速率为 200 hop/s，观测数据中包含跳数 $K = 7$，起始跳时长 $\alpha = 0.7$，跳变频率依次为 $\{28, 32, 30, 28, 31, 29, 27\}$ MHz，信号采样率 $f_s = 100$ MHz。出于简便性与实用性的考虑，本章分别选用 STFT 和 SPWD 来生成原始的时频图。窗函数为 1 024 长的 Hamming 窗。

由于仿真中跳速较低,各跳持续时间内的采样点个数为500k,为了降低计算量,本仿真窗函数滑动间隔设置为10k,此时跳周期内包含50个左右理论上幅度相同的短时频谱。当跳频信号跳速较高时,为了保证跳周期内包含理论上幅度相同的短时频谱较多,要适当减小滑动间隔。该跳频信号的时间-频率矩阵如图2.6所示。

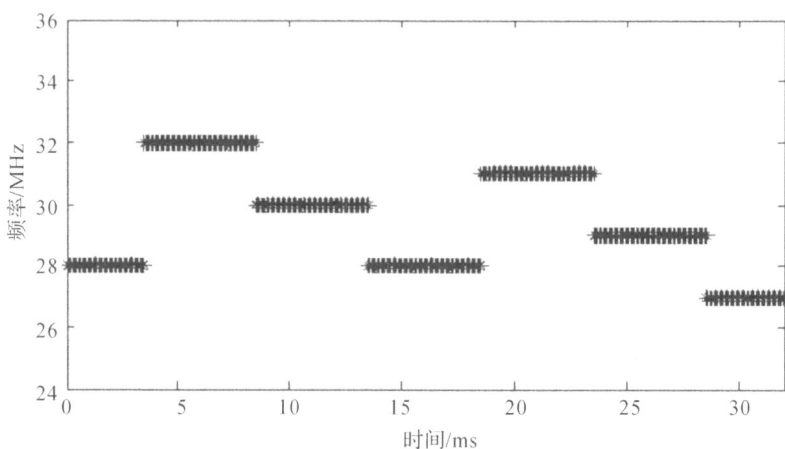

图 2.6　观测时间内跳频信号时间-频率矩阵示意图

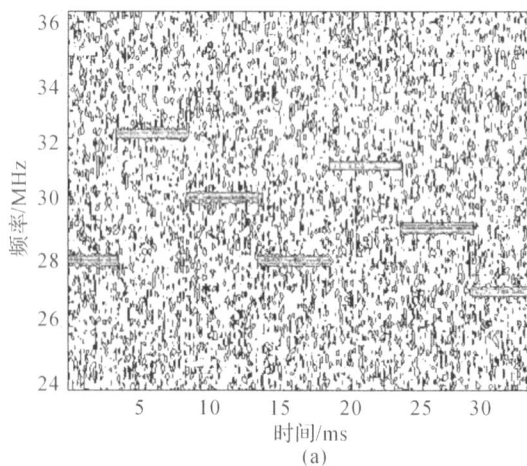

(a)

图 2.7　单跳频信号修正前后的时频图

(a)STFT

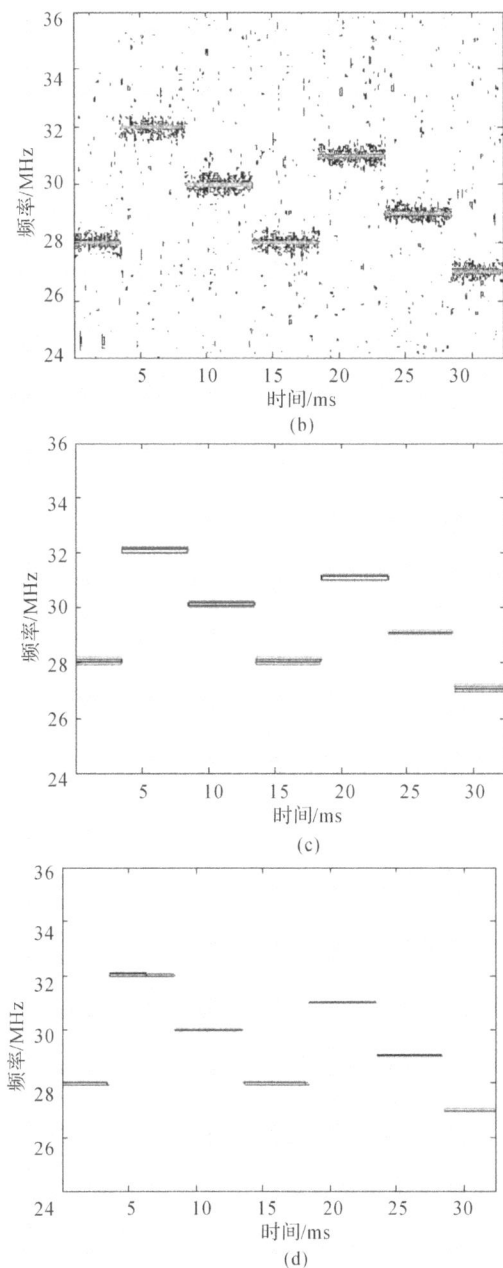

(b)

(c)

(d)

续图 2.7　单跳频信号修正前后的时频图

(b)SPWD；　(c)修正后 STFT；　(d)修正后 SPWD

接收机带宽内的信噪比定义为

$$\mathrm{SNR} = 10\lg\left(\frac{\parallel s \parallel_2^2}{L\sigma^2}\right) + 10\lg(f_\mathrm{s}/W) \tag{2.29}$$

式中:L 表示数据长度;σ^2 表示高斯白噪声方差;W 表示接收机带宽。当 SNR$= -5$ dB 时,STFT 和 SPWD 结果分别如图 2.7(a)(b)所示。本书时频图修正算法的参数设定为 $\mu_1 = \mu_2 = 0.5 \max\limits_{t,f}[\mathrm{STFT}(t,f)]$,两种时频图的修正结果分别如图 2.7(c)(d)所示。将图 2.7(c)(d)与真实时频图相比可以看出,修正后的时频图可以精确表示真实信号的时频分布。仿真结果表明本书算法能够很好地完成对 STFT 和 SPWD 方法得到的时频图的修正。实际上,本书算法对其他不包含交叉项的时频分析方法得到的时频图同样适用,如 Gabor 变换、谱图等。由于修正结果类似,因此此处只给出对 STFT 和 SPWD 时频图的修正结果。

2.5.2 单网台跳周期估计仿真

为了评价跳周期估计性能,引入平均误差比作为跳周期估计值与真实值的差异性评价。平均误差比定义为

$$E_R = \frac{1}{RT} \sum_{i=1}^{R} |\hat{T}_i - T| \tag{2.30}$$

式中:R 表示实验的次数;$\hat{T}_i$ 表示每次实验的跳周期估计值。仿真 SNR 依次取 -15 dB $\sim$ 5 dB,对每个 SNR 执行 100 次独立实验,跳频信号参数同2.5.1节。

图 2.8 给出了信噪比为 0 dB 和 -5 dB 时 SPWD 各时刻沿频率轴的最大值序列。文献[3]根据图 2.8(a)中负脉冲位置的周期性来估计跳周期。当信噪比较小时,信号时频谱各时刻的最大值序列中负脉冲不明显,导致算法失效。当信噪比为 -5 dB 时,SPWD 各时刻沿频率轴的最大值如图 2.8(b)所示,从中很难找出跳时刻对应的负脉冲。

图 2.9 给出了不同信噪比条件下本书算法与 SPWD 方法的跳周期估计性能,可以看出,本书算法在信噪比为 -10 dB 时仍能有效估计跳频周期,而 SPWD 方法在信噪比小于 0 dB 时估计性能急剧恶化。

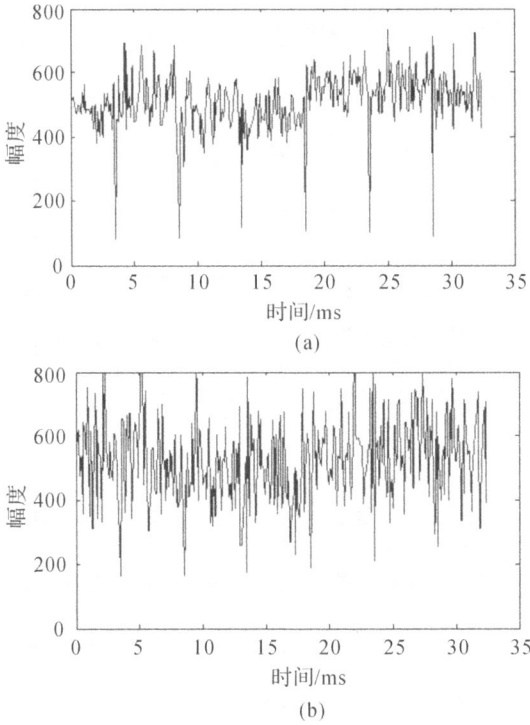

(a)

(b)

图 2.8 信噪比为 0 dB 和 −5 dB 时 SPWD 各时刻沿频率轴的最大值序列

(a)信噪比为 0 dB 时； (b)信噪比为 −5 dB 时

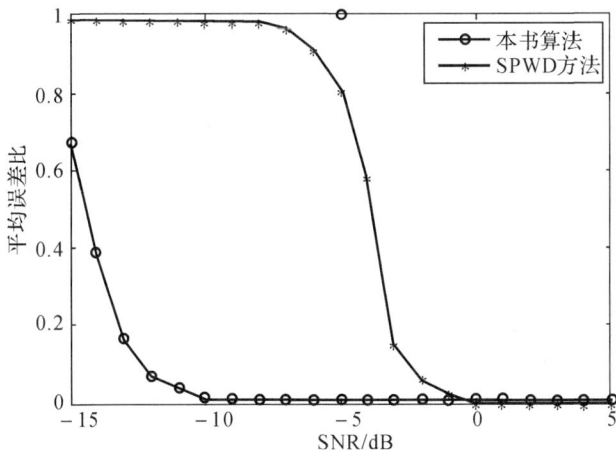

图 2.9 本书算法与 SPWD 方法的跳频周期估计性能比较

2.5.3　异步多网台跳周期估计仿真

设定观测跳频信号个数为 2,跳频信号 1 的参数同 2.5.1 节,跳频信号 2 的跳频速率为 150 hop/s,观测时间内包含的跳数 $K=6$,跳频频率依次为 $\{33,29,26,32,28,30\}$ MHz。在异步多网台跳频信号混合的情况下,现有的方法无法提取跳时刻,因为几乎每个时刻都有信号存在,即使信噪比很大时频图每个时刻频谱的最大值也不会产生有规则的负脉冲。当 SNR=10 dB 时,提取时频图各时刻沿频率轴的最大值序列如图 2.10 所示,图中并不存在周期性的负脉冲,因此 2.3.3 节的跳周期估计方法不能适应异步多网台的情况。

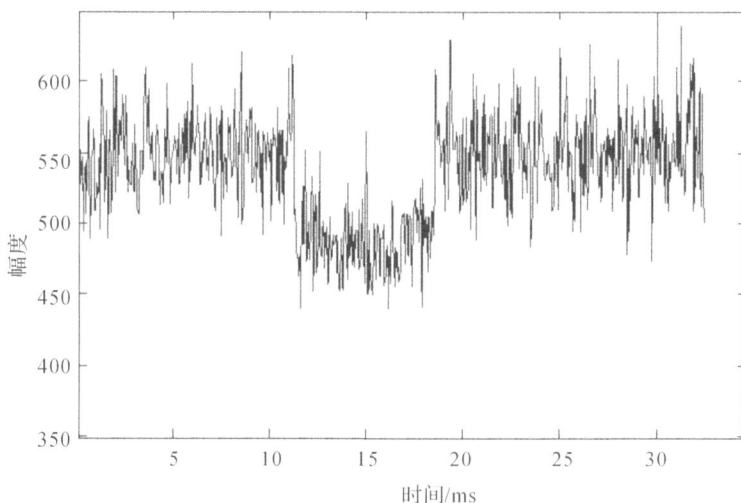

图 2.10　异步多网台跳频信号混合时 SPWD 各时刻沿频率轴的最大值序列

图 2.11(a)(b)分别给出了带内信噪比为−5 dB 时本书算法修正前、后的时频图,从图 2.11 可以看出修正后时频图能够准确表示跳频信号的时频分布。

为了说明本书算法对两个异步网台混合信号的跳频周期估计性能,用本书算法分别估计上述两个网台跳频混合信号的跳周期。图 2.12 给出对每个 SNR 进行 100 次独立实验的跳周期估计平均误差比曲线。图 2.12 说明了本书算法能够适应多网台的情况,在 SNR 高于−7 dB 时能够很好地估计跳频周期。虽然估计性能较单网台时稍差,但仍能适应较低信噪比。

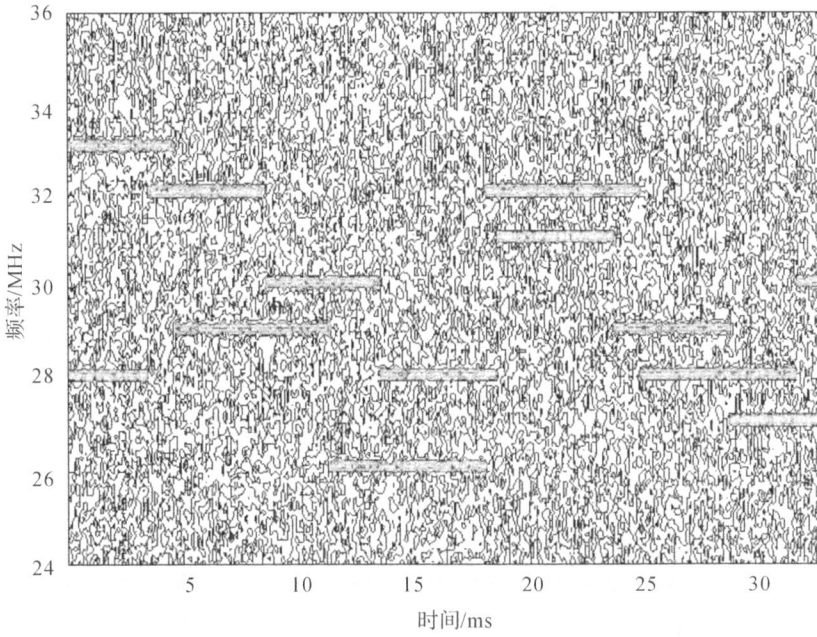

(a)

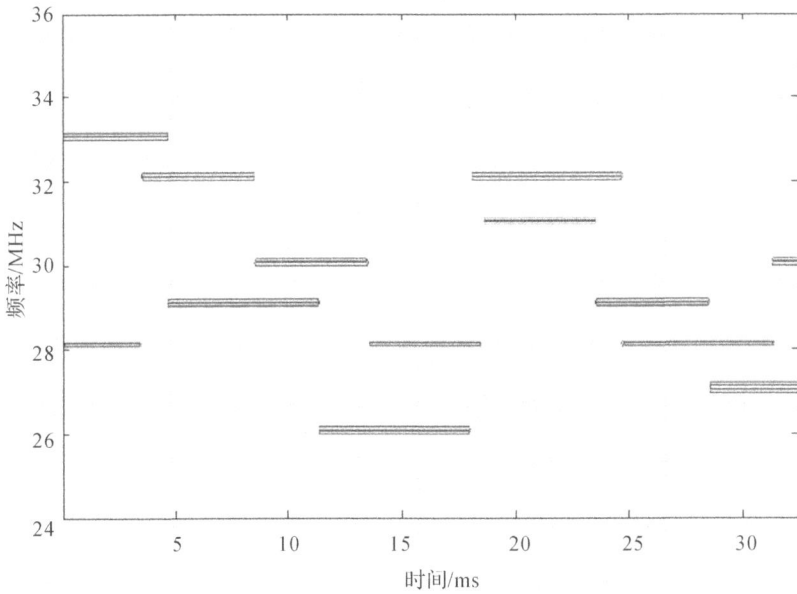

(b)

图 2.11　多网台跳频混合信号修正前后的时频图

(a)短时傅里叶变换结果；　(b)修正后时频图

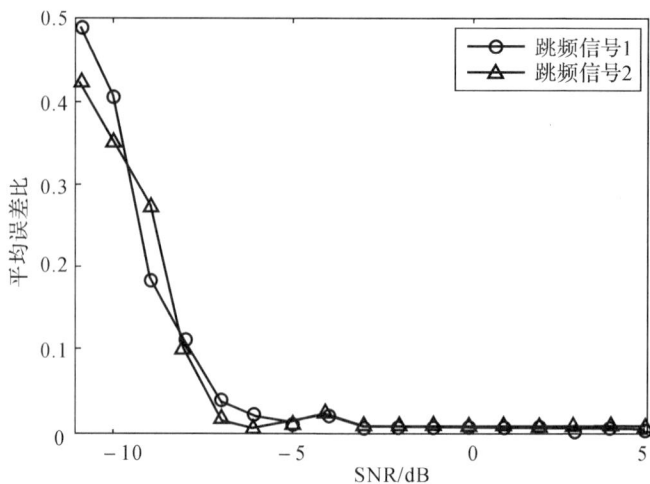

图 2.12　多网台跳频混合信号的跳周期估计性能

2.6　本章小结

　　本书首先介绍了跳频信号的原理与数学模型,然后简要介绍了常规的时频分析方法及跳周期估计方法,最后针对现有跳周期估计方法的不足,利用跳频信号时频图具有的时频稀疏性提出了基于时频图修正方法的跳周期估计算法。算法分为两个步骤:时频图修正和跳周期估计。时频图修正方法以常规时频分析方法获得的时频图为处理对象,根据跳频信号时频图应具有的时频稀疏性对原始时频图进行修正,得到二进制化的时频图。在跳周期估计时,提取二进制时频图中各段信号的长度,用中心遍历的聚类方法估计跳周期。

　　本章的主要成果及创新性工作为提出了基于时频图修正方法的跳周期估计算法。该算法在修正时频图时充分利用跳频信号时频图应具有的双重时频稀疏性,具有较强的信噪比适应能力,提高了跳周期估计精度,且能够适用于多网台跳频混合信号。通过本书算法修正后的时频图不仅可以估计跳频周期,还可以获取跳时刻、跳频频率等参数。

第3章　单通道压缩采样跳频信号
时频分析及跳时刻估计

3.1 引　　言

由于空间电磁环境的日益复杂,为了提高传输速度和抗干扰能力,跳频通信系统的带宽不断增大,如美国的 AEHF 卫星通信链路跳频带宽高达 2 GHz。现有的跳频信号侦察处理方法,如时频分析方法[2-8]、稀疏分量分析方法[39-44]等,都要求采集数据满足带通奈奎斯特采样定理。如果用带通奈奎斯特采样频率去侦收这类宽带跳频信号,那么侦收系统的采集设备和存储设备都很难满足实际需求。即使用奈奎斯特采样频率完成了数据采集,庞大的数据量也会给后期的快速侦察处理带来较大问题。如何处理这类宽带跳频信号已成为跳频信号侦察亟需解决的问题。

由 Donoho 与 Candès 等于 2004 年提出的压缩感知(CS)理论是一个充分利用信号稀疏性或可压缩性的全新信号采集理论[45-48]。该理论指出:只要信号具有可压缩性或在某个变换域具有稀疏性,就可以从原信号的低维投影中以高概率重构出原信号,可以证明这样的压缩采样数据包含重构信号的足够信息。在该理论框架下,信号的数字采样频率不再取决于信号的带宽,而是取决于信息在信号中的结构与信息量。近年来,CS 理论已成为研究的热点,众多学者发表了大量有创造性的文章[62-83]。虽然跳频信号整体带宽很大,但每个时刻信号占用的带宽却很小。跳频信号具有的时频稀疏性满足 CS 理论的前提条件,因此 CS 理论在宽带跳频信号侦察处理中具有广阔的应用前景。

实现宽带跳频信号的压缩感知,首先要进行压缩采样。众多学者提出了一系列压缩采样技术理论[157-161],这些压缩采样技术同样适用于跳频信号。压缩采样技术不是本章关注的重点,本章仅做简单介绍。本章的研究重点是压缩采样跳频信号侦察处理方法,先研究压缩采样跳频数据的时频分析方法,依据该时频分析结果可以实现跳频信号的检测，并可以得到进行跳周期精确估计所需的参数，然后在已知跳变前后的频率和跳时刻的粗估位置的前提下，研究跳时刻精确估计方法。

本章的内容安排如下：3.2 节对压缩采样跳频信号侦察处理问题进行描述；3.3 节提出基于稀疏重构算法的压缩采样跳频信号时频分析方法与跳时刻精确估计方法；3.4 节通过仿真实验分析验证本书算法的有效性；3.5 节为本章小结。

3.2　压缩采样跳频信号侦察处理问题描述

压缩采样跳频信号侦察处理是指在跳频参数未知的情况下对跳频信号的压缩采样样本进行处理，涉及的主要技术是稀疏重构算法。本节先介绍目前已有的压缩采样技术来说明跳频信号压缩采样数据的来源，然后介绍现有的稀疏重构算法。

3.2.1　压缩采样技术

压缩采样是一个充分利用信号稀疏性或可压缩性实现信号欠采样的理论。其主要思想是对稀疏信号以远低于奈奎斯特频率的采样率进行全局采样，而非局部采样，保证压缩采样后的数据能够还原出原始信号。压缩采样按采集信号的类型不同可分为离散信号的压缩采样和连续模拟信号的压缩采样。

3.2.1.1　离散信号压缩采样基本原理

假设有一段 N 维离散实信号 $s \in \mathbb{R}^{N \times 1}$ 能够在一组正交基 $\{\boldsymbol{\psi}_i\}_{i=1}^{N}$（$\boldsymbol{\psi}_i$ 为 N 维列向量）下表示：

$$s = \sum_{i=1}^{N} \theta_i \boldsymbol{\psi}_i \quad \text{或} \quad s = \boldsymbol{\Psi}\boldsymbol{\theta} \tag{3.1}$$

式中：展开系数 $\theta_i = \langle s, \boldsymbol{\psi}_i \rangle = \boldsymbol{\psi}_i^{\mathrm{T}} s$；$\boldsymbol{\Psi} = [\boldsymbol{\psi}_1, \boldsymbol{\psi}_2, \cdots, \boldsymbol{\psi}_N] \in \mathbb{R}^{N \times N}$，为正交基字典矩阵（满足 $\boldsymbol{\Psi}\boldsymbol{\Psi}^{\mathrm{T}} = \boldsymbol{\Psi}^{\mathrm{T}}\boldsymbol{\Psi} = \boldsymbol{I}$）；展开系数向量 $\boldsymbol{\theta} = [\theta_1, \theta_2, \cdots, \theta_N]^{\mathrm{T}}$。假设稀疏向量 $\boldsymbol{\theta}$ 是 d 稀疏的，即其中非零元素的个数 $d \ll N$，用一个与 $\boldsymbol{\Psi}$ 不相关的观测矩阵 $\boldsymbol{\Phi} \in \mathbb{R}^{M \times N}$（$M < N$）（这里 $\boldsymbol{\Phi}$ 的每一行可以表示一个传感器），对信号 s 进行压缩观测，就可以得到一个 M 维的线性观测矢量 $\tilde{s} \in \mathbb{R}^{M \times 1}$，可表示为

$$\tilde{s} = \boldsymbol{\Phi} s \tag{3.2}$$

这个低维的线性观测矢量 $\tilde{s}$ 中包含重构信号 s 的足够信息。本书将压缩前后的数据长度之比称为压缩比,即压缩比为

$$\eta = N/M \tag{3.3}$$

将式(3.1)代入式(3.2)中,有

$$\tilde{s} = \boldsymbol{\Phi} s = \boldsymbol{\Phi}\boldsymbol{\Psi}\boldsymbol{\theta} = \boldsymbol{A}\boldsymbol{\theta} \tag{3.4}$$

式中:$\boldsymbol{A}$ 称为压缩感知矩阵。虽然式(3.4)是一个未知数个数大于方程个数的病态方程,但由于系数 $\boldsymbol{\theta}$ 是稀疏的,这就大大减少了未知数个数,使求解成为可能。式(3.4)的求解问题通常转换为带稀疏约束的最优化问题,即

$$\left.\begin{array}{l} \min \parallel \boldsymbol{\theta} \parallel_0 \\ \text{s. t. } \tilde{s} = \boldsymbol{A}\boldsymbol{\theta} \end{array}\right\} \tag{3.5}$$

经过以上分析可知,压缩采样过程包含两个关键要素:稀疏表示和非相关观测。信号的稀疏性是压缩感知的必备条件,非相关观测是压缩感知的内在要求。

文献[46]将稀疏性定义为:若变换系数 $\theta_i = \langle \boldsymbol{\theta}, \boldsymbol{\psi}_i \rangle$ 的支撑域 $\{i \mid \theta_i \neq 0\}$ 的势小于或等于 d,则称 $\boldsymbol{\theta}$ 是 d 稀疏的。要得到信号的稀疏表示首先要找到信号最佳的稀疏基,常用的稀疏基包括傅里叶基、小波基、Gabor基等[156]。

对压缩观测器的要求是能够通过观测投影得到 M 个欠采样观测值中重构出信号 s 或者在稀疏基下的稀疏系数向量。Candès 等给出了实现信号重构的充要条件:限制等距性质(Restricted Isometry Property,RIP)[48]。为了降低观测矩阵设定问题的复杂度,文献[161]证明了若观测矩阵 $\boldsymbol{\Phi}$ 和稀疏基 $\boldsymbol{\Psi}$ 不相干,则感知矩阵 $\boldsymbol{A}$ 在很大概率上满足 RIP。因此,选择高斯随机矩阵即可高概率保证不相干性和 RIP。对于一个 $M \times N$ 维的高斯随机矩阵 $\boldsymbol{\Phi}$,可以证明当 $M \geqslant \varepsilon d \log(N/d)$ 时,感知矩阵 $\boldsymbol{A}$ 可以在很大概率下满足 RIP,其中 ε 是一个很小的常数。

3.2.1.2 连续模拟信号压缩采样基本原理

在接收采集超宽带信号时,为了满足奈奎斯特采样定律,就必须提高 ADC 设备的采样率,这给传统 ADC 设备带来了很大的挑战。为了将压缩采样在数字接收系统的最前端实现,Kirolos 等提出了基于压缩采样技术的模拟信息转换器(Analog to Information Conversion,AIC)架构[157-158]。AIC 能够以远远小于奈奎斯特率的采样率对某变换域上稀疏的信号进行高效采集,并保证利用采集后的数据能够高概率地重建原始信号。目前 AIC 有两种典型

的结构:随机解调型 AIC[157-158]和多通道型 AIC[159]。

随机解调型 AIC 的原理是:先用高速的伪随机序列对源信号进行调制,使其频谱扩展,然后通过固定的低通滤波器,输出的信号包含源信号的重要信息,最后用低速 ADC 进行数据采集。为了保证压缩采样的有效性,序列 $p(t)$ 的速率必须大于源信号的奈奎斯特率。

多通道型 AIC 将观测矩阵的每行用一个通道来实现,全部通道的输出信号组成一组观测。

两种类型 AIC 的压缩采样过程都可表示为与式(3.4)相同的形式。

3.2.1.3 非均匀采样

非均匀采样是相对均匀采样的一种采样方法,其采样间隔非恒定。非均匀采样有多种目的和采样方式,本书中的跳频信号非均匀采样是指为了降低采样率,用非均匀采样技术实现跳频信号的压缩采样。

无论是离散信号还是连续模拟信号,都可以进行非均匀采样。当压缩感知矩阵全部由 0、1 组成,且所有的行有且仅有一个元素为 1、每列最多有一个非零元素时,即为非均匀采样。因此非均匀采样与前面讲的压缩采样技术具有统一的数学模型,如式(3.4)[61,160]。在本书中,非均匀采样的压缩感知矩阵中各行元素为 1 的位置等概率随机选取。

虽然跳频信号覆盖总带宽较大,但各跳信号却是窄带信号,因此可以选用傅里叶基作为跳频信号的稀疏基。观测矩阵选用高斯随机矩阵或对跳频信号进行非均匀采样都可以实现对跳频信号的压缩采样。

3.2.2 稀疏重构算法

稀疏信号重构是指利用信号的稀疏性,通过少量的线性观测值重构稀疏信号。该问题本质上是求欠定线性方程组最稀疏解的问题。欠定线性方程组是多解问题,存在无穷多个解,但通过对解的稀疏性限制,可以使欠定方程组得到唯一最稀疏解。目前,稀疏表示被广泛应用于信号处理和图像处理的各个领域,如 CS 中的信号重构、基于冗余字典的稀疏表示、稀疏信道估计、雷达信号处理、图像压缩、噪声抑制、稀疏分量分析、阵列信号处理中的波达方向(DOA)估计以及频谱分析等。现有稀疏重构算法可分为四类[62],分别是贪婪类算法[63-68]、l_p 范数最小化法($0 \leqslant p \leqslant 1$)[69-76]、IRLS 算法[77-79]以及概率类算法[80-83]。

贪婪类算法的基本思想是通过多次迭代选择多个最相关的观测矢量来逼

近信号,主要包括匹配追踪(Matching Pursuit,MP)算法、正交匹配追踪(Orthogonal Matching Pursuit,OMP)算法及压缩采样匹配追踪算法等。

l_p 范数最小化算法的基本思想是利用 l_p 范数表示信号的稀疏性,然后通过求解 l_p 范数最小化问题重构稀疏信号。l_p 范数最小化问题可以表示为

$$\left.\begin{array}{l}\min \ \| \boldsymbol{\theta} \|_p \\ \mathrm{s.t.} \ \tilde{s}=\boldsymbol{A}\boldsymbol{\theta}\end{array}\right\} \tag{3.6}$$

式中:$0 \leqslant p \leqslant 1$。

l_p 范数表示为

$$\| \boldsymbol{\theta} \|_p = \Big(\sum_{i=1}^{n} |\theta_i|^p\Big)^{\frac{1}{p}} \tag{3.7}$$

根据 p 的取值不同,l_p 范数类算法可分为三类:基追踪算法($p=1$)、非凸函数最小化算法($0 < p < 1$)及 AL0 算法($p=0$)。

IRLS 算法的基本思想是将单观测稀疏重构问题转化为求解加权 l_2 范数的最小化问题

$$\left.\begin{array}{l}\min_{x} \| \boldsymbol{W}^{-1}\boldsymbol{\theta} \|_2^2 \\ \mathrm{s.t.} \ \boldsymbol{A}\boldsymbol{\theta}=\tilde{s}\end{array}\right\} \tag{3.8}$$

式中:$\boldsymbol{W}$ 为加权矩阵,是一对角矩阵。

对式(3.8)的求解采用迭代方法,第 l 步的迭代格式表示为

$$\boldsymbol{\theta}^{(l)} = \boldsymbol{W}_l\boldsymbol{A}^{\mathrm{T}} (\boldsymbol{A}\boldsymbol{W}_l\boldsymbol{A}^{\mathrm{T}})^{-1}\tilde{s} \tag{3.9}$$

不同的 IRLS 算法选择了不同的加权矩阵 $\boldsymbol{W}$。文献[77]提出了 FOCUSS 算法,该算法中加权矩阵 $\boldsymbol{W}$ 根据稀疏向量 $\boldsymbol{\theta}^{(l)}$ 设定,通过多次迭代得出稀疏解。

IRLS 算法需要的测量较少,但收敛速度较慢,且易收敛于局部最优解。

概率类算法主要指贝叶斯稀疏学习(Sparse Bayesian Learning,SBL)算法。SBL 算法是利用贝叶斯原理综合观测模型先验信息的一类重构方法,该算法不需要人工确定参数,对噪声有较好的适应能力,但存在计算量较大的缺点。

3.3　压缩采样跳频信号的时频分析方法与跳时刻精确估计方法

要实现跳频信号跳时刻的精确估计,如果直接对数据进行盲处理,那么计算量太大,且效果并不好。可以先根据时频分析结果估计跳变前后的频率和跳时刻的大致范围,然后利用这些估计信息精确估计跳周期。针对压缩采样

跳频信号的处理问题,本节利用跳频信号的时频稀疏性,重点研究压缩采样跳频信号的时频分析方法与跳时刻精确估计方法。首先给出压缩采样跳频信号的稀疏重构模型,然后用 AL0 算法求解跳频信号时频图,最后利用跳时刻的粗估值和跳变前后的频率值精确估计跳时刻。

3.3.1 跳频信号稀疏重构模型

当备选频率集已知且多普勒频率可以忽略时,可以设计包含接收跳频信号频率的有限频率集 。如果对接收信号频率没有先验知识,那么可以按照要求的精度设定频段划分密度,把全频段等间隔划分为 P 个频率[9-10]。将接收的信号 $\boldsymbol{y}$ 等间隔划分为 K 段长度为 P 的数据 $\boldsymbol{y}_i$:

$$\boldsymbol{y}_i = \boldsymbol{y}(iL:iL+P-1) \tag{3.10}$$

式中:L 表示分段间隔,则 $K = \lfloor (N-P)/L \rfloor$。将 $\boldsymbol{y}_i$ 依次按列组成数据矩阵:

$$\boldsymbol{Y} = [\boldsymbol{y}_1, \boldsymbol{y}_2, \cdots, \boldsymbol{y}_K] \tag{3.11}$$

当跳频信号的频率集 $\{\omega_m\} \subset \boldsymbol{W}$ 时,数据矩阵表示为

$$\boldsymbol{Y} = \boldsymbol{W}\boldsymbol{X} + \boldsymbol{V} \tag{3.12}$$

式中:$\boldsymbol{W}$ 是由频率集 构成的傅里叶基,$\boldsymbol{W} = [\boldsymbol{\omega}_0, \boldsymbol{\omega}_1, \cdots, \boldsymbol{\omega}_{P-1}]$,$\boldsymbol{\omega}_i = [e^{j\omega_i 1}, e^{j\omega_i 2}, \cdots, e^{j\omega_i P}]^T$;$\boldsymbol{X} = [\boldsymbol{x}_0, \boldsymbol{x}_1, \cdots, \boldsymbol{x}_{K-1}]$ 表示观测数据的时频分布矩阵;$\boldsymbol{V} \in \mathbb{C}^{P \times K}$ 表示观测噪声矩阵。根据 3.2.1.1 节中的标准设计观测矩阵 $\boldsymbol{\Phi} \in \mathbb{R}^{M \times P}$,对式(3.12)中的数据矩阵进行压缩观测可得

$$\widetilde{\boldsymbol{Y}} = \boldsymbol{\Phi}(\boldsymbol{W}\boldsymbol{X} + \boldsymbol{V}) = \boldsymbol{A}\boldsymbol{X} + \widetilde{\boldsymbol{V}} \tag{3.13}$$

式中:$\widetilde{\boldsymbol{V}} \in \mathbb{C}^{M \times K}$ 表示噪声的压缩观测。

根据跳频信号的时频稀疏性质可知,矩阵 $\boldsymbol{X}$ 中对应跳频信号的时频点是稀疏的,又因为非零点都集中在跳频信号频率对应的行上,所以矩阵 $\boldsymbol{X}$ 又是行稀疏的。因此可以构造带罚函数的无约束最优化函数,即

$$\left.\begin{array}{l} L(\boldsymbol{X}) = \|\widetilde{\boldsymbol{Y}} - \boldsymbol{\Phi}\boldsymbol{W}\boldsymbol{X}\|_F^2 + \mu_1 \|\boldsymbol{X}\|_0 + \mu_2 \|\boldsymbol{X}\|_{2,0} \\ \hat{\boldsymbol{X}} = \arg \min_{X \in \mathbb{C}^{P \times K}} [L(\boldsymbol{X})] \end{array}\right\} \tag{3.14}$$

$L(\boldsymbol{X})$ 的第一项代表 $\boldsymbol{X}$ 对观测数据 $\boldsymbol{Y}$ 的逼近程度,μ_1 和 μ_2 分别代表 $\boldsymbol{X}$ 矩阵元素稀疏和行联合稀疏的惩罚因子。噪声的抑制能力依靠 μ_1 和 μ_2 调节,元素稀疏意味着限制不包含跳频信号的时频点幅度趋于 0,行联合稀疏则意味着限制不包含跳频信号的行时频点的幅度趋于 0。式(3.14)是一个非凸优化求解问题,文献[162]中用 AL0 算法求解该类问题。当 $\mu_1 = 0$ 时,式(3.14)表示常见的多观测联合稀疏求解问题,当 $\mu_2 = 0$ 时,式(3.14)仅考虑单个时频

点对观测数据的影响和稀疏度之间的平衡。μ_1 和 μ_2 的取值过小则噪声抑制能力弱,取值过大则会降低真实信号处的幅度,因此其合理取值非常关键。本节首先分析 μ_1 和 μ_2 的取值准则。由于门限值与压缩观测矩阵有关,为了分析简便,不考虑噪声的影响,并假设观测矩阵为单位方阵,且频率集包含在字典集中。

3.3.1.1　μ_1 取值分析

式(3.14)中 $\boldsymbol{\Phi}=\boldsymbol{I}$,$L(\boldsymbol{X})$ 可以表示为

$$L(\boldsymbol{X}) = \sum_{k=1}^{K} (\parallel \boldsymbol{y}_k - \boldsymbol{W}\boldsymbol{x}_k \parallel_2^2 + \mu_1 \parallel \boldsymbol{x}_k \parallel_0) + \mu_2 \parallel \boldsymbol{X} \parallel_{2,0} \tag{3.15}$$

式中:$\boldsymbol{y}_k$ 和 $\boldsymbol{x}_k$ 分别表示矩阵 $\boldsymbol{Y}$ 和 $\boldsymbol{X}$ 的第 k 列。

在分析 μ_1 取值时,令 $\mu_2 = 0$,则式(3.15)可表示为

$$\left. \begin{aligned} L(\boldsymbol{X}) &= \sum_{k=1}^{K} g(\boldsymbol{x}_k) \\ g(\boldsymbol{x}_k) &= \parallel \boldsymbol{y}_k - \boldsymbol{W}\boldsymbol{x}_k \parallel_2^2 + \mu_1 \parallel \boldsymbol{x}_k \parallel_0 \end{aligned} \right\} \tag{3.16}$$

因为 $g(\boldsymbol{x}_k) \geqslant 0$,$\hat{\boldsymbol{X}}$ 使 $L(\boldsymbol{X})$ 最小等价于 $\hat{x}_k = \arg\min\limits_{x_k} g(\boldsymbol{x}_k)$,所以可以参照式(3.16)来分析 μ_1 取值。

结论 1　当信号幅度为 1 时,$\mu_1 < P$ 是保证真实的时频点处非零的必要条件。

证明:假设观测数据段 $\boldsymbol{y}_k = \exp(\mathrm{j}\omega_p t + \mathrm{j}\varphi_1)$,即不包含跳时刻。 当 $\parallel \hat{\boldsymbol{x}}_k \parallel_0 = 0$ 时,即 $\hat{\boldsymbol{x}}_k = 0$,此时有

$$g(\boldsymbol{x}_k) = \parallel \boldsymbol{y}_k \parallel_2^2 = \sum_{i=1}^{P} |\exp(\mathrm{j}\omega_p i + \mathrm{j}\varphi_1)|^2 = P \tag{3.17}$$

当 $\parallel \hat{\boldsymbol{x}}_k \parallel_0 \neq 0$ 时,容易证明存在 $\hat{\boldsymbol{x}}_k(i) = \begin{cases} \mathrm{e}^{\mathrm{j}\varphi_1} & i = p \\ 0, & 其他 \end{cases}$ 使得 $g(\hat{\boldsymbol{x}}_k) = \min\limits_{\parallel x_k \parallel_0 \neq 0} g(\boldsymbol{x}_k) = \mu_1$。若要保证真实的时频点处非零,等价于 $\min\limits_{\parallel x_k \parallel_0 \neq 0} g(\boldsymbol{x}_k) - \min\limits_{\parallel x_k \parallel_0 = 0} g(\boldsymbol{x}_k) < 0$,即

$$\mu_1 < \parallel \boldsymbol{y}_k \parallel_2^2 \leqslant P \tag{3.18}$$

故 $\mu_1 < P$。证毕。

当观测数据段 $\boldsymbol{y}_k$ 中包含跳时刻时,在估计时频分布时希望用持续时间较长的频率来代表该段数据的频率。设 $\boldsymbol{y}_k$ 的前 L 个点对应频率 ω_{p_1},后 $P-L$ 个点对应频率 ω_{p_2},即

$$\boldsymbol{y}_k(p) = \begin{cases} \exp[j(2\pi\omega_{p_1}p + \varphi_1)], & 0 < p \leqslant L \\ \exp[j(2\pi\omega_{p_2}p + \varphi_2)], & L < p \leqslant P \end{cases} \tag{3.19}$$

式中：φ_1、φ_2 表示相位；假设 $L \geqslant P/2$。若要此时频率近似为 ω_{p_1}，则要求

$$\left.\begin{aligned} \min_{\|\boldsymbol{x}_k\|_0=1} g(\boldsymbol{x}_k) - \min_{\|\boldsymbol{x}_k\|_0=0} g(\boldsymbol{x}_k) \leqslant 0 \\ \min_{\|\boldsymbol{x}_k\|_0=1} g(\boldsymbol{x}_k) - \min_{\|\boldsymbol{x}_k\|_0=2} g(\boldsymbol{x}_k) \leqslant 0 \end{aligned}\right\} \tag{3.20}$$

其中，

$$\min_{\|\boldsymbol{x}_k\|_0=0} g(\boldsymbol{x}_k) = P \tag{3.21}$$

$$\left.\begin{aligned} \min_{\|\boldsymbol{x}_k\|_0=1} g(\boldsymbol{x}_k) &= \min(g_{11} + g_{12}) + \mu_1 \\ g_{11} &= \sum_{i=1}^{L} (1-a)^2 \\ g_{12} &= \sum_{i=L+1}^{P} \{1 + a^2 - 2a\cos[(\omega_{p_1} - \omega_{p_2})i + \Delta\varphi]\} \end{aligned}\right\} \tag{3.22}$$

$$\left.\begin{aligned} \min_{\|\boldsymbol{x}_k\|_0=2} g(\boldsymbol{x}_k) &= \min(g_{21} + g_{22}) + 2\mu_1 \\ g_{21} &= \sum_{i=1}^{L} \{(1-a)^2 + b^2 - 2(1-a)b\cos[(\omega_{p_1} - \omega_{p_2})i + \Delta\varphi]\} \\ g_{22} &= \sum_{i=L+1}^{P} \{(1-b)^2 + a^2 - 2(1-b)a\cos[(\omega_{p_1} - \omega_{p_2})i + \Delta\varphi]\} \end{aligned}\right\}$$
$$\tag{3.23}$$

式中：$\Delta\varphi = \varphi_1 - \varphi_2$。式(3.22)中，$\boldsymbol{x}_k(p_1) = a\mathrm{e}^{j\varphi_1}$，$\boldsymbol{x}_k(p_2) = 0$；式(3.23)中，$\boldsymbol{x}_k(p_1) = a\mathrm{e}^{j\varphi_1}$，$\boldsymbol{x}_k(p_2) = b\mathrm{e}^{j\varphi_2}$。因为 $\Delta\varphi$ 值与每跳初始相位有关，当 $(\omega_1 - \omega_2)L > 2\pi$ 时，$\sum_{p=1}^{L} \{\cos[(\omega_1 - \omega_2)p + \Delta\varphi]\} \approx 0$，所以可以忽略式 (3.20)、式 3.(21) 中余弦项的影响，当 $\frac{\partial g(\boldsymbol{x}_k)}{\partial a} = 0$，$\frac{\partial g(\boldsymbol{x}_k)}{\partial b} = 0$ 时，式(3.22)、式(3.23) 取最小值，经计算得

$$\min_{\|\boldsymbol{x}_k\|_0=1} g(\boldsymbol{x}_k) = (P^2 - L^2)/P + \mu_1 \tag{3.24}$$

$$\min_{\|\boldsymbol{x}_k\|_0=2} g(\boldsymbol{x}_k) = L(P-L)/P + 2\mu_1 \tag{3.25}$$

根据式(3.20)的要求得

$$\left.\begin{aligned} (P^2 - L^2)/P + \mu_1 &\leqslant P \\ (P^2 - L^2)/P + \mu_1 &\leqslant L(P-L)/P + 2\mu_1 \end{aligned}\right\} \tag{3.26}$$

因为 $L > P/2$，所以式（3.26）等价于

$$\mu_1 \leqslant \frac{P}{4} \text{ 且 } \mu_1 \geqslant \frac{P}{4} \tag{3.27}$$

经过以上推导可得结论 2。

结论 2 当观测数据段中包含频率跳时刻时，如果在估计时频分布时希望仅用持续时间较长频率来代表该段数据的频率，那么 μ_1 的最优取值为 $\frac{P}{4}$。

实际上，$\sum\limits_{p=1}^{L} \{\cos[(\omega_1 - \omega_2)p + \Delta\varphi]\}$ 的值在一定范围内变化，可正可负，受该项影响，并不能保证仅用持续时间较长的频率来代表该段数据的频率，因此该方法在估计跳时刻时会存在一定误差，但跳时刻估计误差应小于数据的分段长度。综合结论 1 和结论 2 可知：μ_1 的最优取值为 $\frac{P}{4}$。

3.3.1.2 μ_2 取值分析

当分析 μ_2 取值时，首先假设 $\mu_1 = 0$，令

$$g(\boldsymbol{X}) = \sum_{k=1}^{K} (\parallel \boldsymbol{y}_k - \boldsymbol{W}\boldsymbol{x}_k \parallel_2^2) + \mu_2 \parallel \boldsymbol{X} \parallel_{2,0} \tag{3.28}$$

从式（3.28）可以看出，μ_2 是矩阵 $\boldsymbol{X}$ 行向量 2 范数的约束因子，与 $\boldsymbol{X}$ 中非零行数有关但与非零行内的非零个数无关。设矩阵 $\boldsymbol{X}$ 第 p 行包含 K' 个真实时频点对应的元素，若要保证该行元素非零，则要求

$$\min_{\parallel \boldsymbol{X} \parallel_{2,0}} g(\boldsymbol{x}_k) - \min_{\parallel \boldsymbol{X} \parallel_{2,0}-0} g(\boldsymbol{x}_k) < 0 \tag{3.29}$$

因为 $\min\limits_{\parallel \boldsymbol{X} \parallel_{2,0}=0} g(\boldsymbol{x}_k) \approx K'P$，$\min\limits_{\parallel \boldsymbol{X} \parallel_{2,0}=1} g(\boldsymbol{x}_k) \approx \mu_2$，所以式（3.29）要求，$\mu_2 < K'P$。实际中考虑到噪声的影响，可根据实际情况设定 $\mu_2 = \alpha K'P, \alpha \in [0.1, 0.5]$，$K'$ 为单个频率上跳频信号的分段数。

如果观测矩阵 $\boldsymbol{\Phi}$ 是高斯随机矩阵，那么其各列向量范数为 1。若观测数据中不包含跳时刻，当 $\parallel \hat{\boldsymbol{x}}_k \parallel_0 = 0$ 时，有

$$g(\hat{\boldsymbol{x}}_k) = \parallel \tilde{\boldsymbol{y}}_k \parallel_2^2 = \parallel \sum_{i=1}^{P} \exp(\mathrm{j}\omega_p i + \mathrm{j}\varphi_1) \boldsymbol{\varphi}_i \parallel_2^2 \tag{3.30}$$

由式（3.30）可知，压缩观测后数据的范数 $\parallel \tilde{\boldsymbol{y}}_k \parallel_2^2$ 与观测矩阵 $\boldsymbol{\Phi}$ 有关，故参数 μ_1、μ_2 的取值与 $\boldsymbol{\Phi}$ 有关。通过 3.3.1.1 节与 3.3.1.2 节的分析可知，受分段长度限制，无论参数 μ_1、μ_2 如何取值，都无法精确估计跳时刻，但跳时刻的误差范围可以限制在一定的范围内。若对不包含跳变刻的观测数据能够正确

重构频率,则本节方法的跳时刻估计精度与分段长度和分段间隔有关,估计偏差应小于分段长度和分段间隔的最大值。本节的方法旨在粗估跳时刻的位置和对应的两个频率,因此参数 μ_1、μ_2 选择的鲁棒性较强。

3.3.2 基于 AL0 算法的压缩采样跳频信号时频分析方法

在现有的稀疏信号重构方法中,AL0 算法具有需要样本少、分辨精度高及计算量小等优点。AL0 算法首先用具有特殊性质的函数来近似 l_0 范数,然后求解最优化方程得到稀疏信号。AL0 算法用满足如下性质的函数 $f_\delta(x)$ 来近似 l_0 范数。

性质 1:函数 $f_\delta(x)$ 关于变量 x 连续可导;

性质 2:$\lim\limits_{\delta \to 0} f_\delta(x) = \begin{cases} 1, & x \neq 0 \\ 0, & x = 0 \end{cases}$。

文献[74]中引入高斯函数来近似 l_0 范数:

$$f_\delta(x) = 1 - \exp\left(-\frac{x^2}{2\delta^2}\right) \qquad (3.31)$$

文献[162]中引入反正切函数来近似 l_0 范数:

$$f_\delta(x) = \frac{2}{\pi}\arctan\left(\frac{x^2}{2\delta^2}\right) \qquad (3.32)$$

当 δ 近似为 0 时,对 P 维矢量 $\boldsymbol{x}$ 求近似 l_0 范数得

$$\sum_{i=1}^{P} f_\delta(x_i) \approx \parallel \boldsymbol{x} \parallel_0 \qquad (3.33)$$

分析结果表明,两种近似方法都满足性质 1 和性质 2,重构算法的性能基本相同。本书选用式(3.31)来近似 l_0 范数,单观测稀疏重构问题可转化为求解高斯和函数的最小化问题,即

$$\left.\begin{array}{l} \min\limits_{\boldsymbol{x}} \quad F_\delta(x) = P - \sum_{i=1}^{P} \exp(-\mid x_i \mid^2/2\delta^2) \\[2mm] \min\limits_{\boldsymbol{x}} \parallel \boldsymbol{y} - \boldsymbol{Ax} \parallel_2^2 \end{array}\right\} \qquad (3.34)$$

考虑引入罚函数因子 λ 把带约束的 l_0 范数最小问题通过转化为无约束最优化问题,然后用最速下降法求解。无约束最优化问题可表示为

$$\hat{\boldsymbol{x}} = \min\limits_{\boldsymbol{x}}\left\{L(\boldsymbol{x}) = \parallel \boldsymbol{y} - \boldsymbol{Ax} \parallel_2^2 + \lambda\left(P - \sum_{i=1}^{P} f_\delta(x_i)\right)\right\} \qquad (3.35)$$

最速下降方向为目标函数 $L(\boldsymbol{x})$ 的共轭梯度方向[74],复矢量 $\boldsymbol{x}$ 的共轭梯度定义为

$$\frac{\partial L(\boldsymbol{x})}{\partial \boldsymbol{x}^*} = \frac{1}{2}\left[\frac{\partial L(\boldsymbol{x})}{\partial \boldsymbol{x}_R} + i\frac{\partial L(\boldsymbol{x})}{\partial \boldsymbol{x}_I}\right] \tag{3.36}$$

式中：$\boldsymbol{x}_R$ 和 $\boldsymbol{x}_I$ 分别表示复数向量 $\boldsymbol{x}$ 的实部和虚部；$\boldsymbol{x}^*$ 表示 $\boldsymbol{x}$ 的共轭。则 $L(\boldsymbol{x})$ 的共轭梯度方向 $\nabla L(\boldsymbol{x})$ 为

$$\nabla L(\boldsymbol{x}) = \frac{\partial L(\boldsymbol{x})}{\partial \boldsymbol{x}^*} = \lambda\frac{\partial F_\delta(\boldsymbol{x})}{\partial \boldsymbol{x}^*} + \frac{\partial(\|\boldsymbol{Ax}-\boldsymbol{y}\|_2^2)}{\partial \boldsymbol{x}^*} \tag{3.37}$$

由 $F_\delta(x)$ 的表达式可得

$$\frac{\partial F_\delta(\boldsymbol{x})}{\partial \boldsymbol{x}_R} = \boldsymbol{\Lambda}\boldsymbol{x}_R \tag{3.38}$$

$$\frac{\partial F_\delta(\boldsymbol{x})}{\partial \boldsymbol{x}_I} = \boldsymbol{\Lambda}\boldsymbol{x}_I \tag{3.39}$$

式中：$\boldsymbol{\Lambda}$ 为对角矩阵，对角线元素为 $\boldsymbol{\Lambda}_{i,i} = \exp(-|x_1|^2/2\delta^2)/\delta^2$。

根据 $\|\boldsymbol{Ax}-\boldsymbol{y}\|_2^2 = (\boldsymbol{Ax}-\boldsymbol{y})^{\mathrm{H}}(\boldsymbol{Ax}-\boldsymbol{y})$，可得

$$\frac{\partial\|\boldsymbol{Ax}-\boldsymbol{y}\|_2^2}{\partial \boldsymbol{x}_R} = 2\mathrm{Re}[\boldsymbol{A}^{\mathrm{H}}(\boldsymbol{Ax}-\boldsymbol{y})] \tag{3.40}$$

$$\frac{\partial\|\boldsymbol{Ax}-\boldsymbol{y}\|_2^2}{\partial \boldsymbol{x}_I} = 2\mathrm{Im}[\boldsymbol{A}^{\mathrm{H}}(\boldsymbol{Ax}-\boldsymbol{y})] \tag{3.41}$$

将式(3.38)～(3.41)代入式(3.37)可得

$$\nabla L(\boldsymbol{x}) = \frac{1}{2}\lambda\boldsymbol{\Lambda}\boldsymbol{x} + \boldsymbol{A}^{\mathrm{H}}(\boldsymbol{Ax}-\boldsymbol{y}) \tag{3.42}$$

对于本书的重构模型，矩阵 $\boldsymbol{Y}$ 可认为是多观测。多观测数据重构时，算法的过程不变，仅 $L(\boldsymbol{X})$ 共轭梯度方向发生变化，式(3.14)的共轭梯度方向为

$$\nabla L(\boldsymbol{X}) = \boldsymbol{A}^{\mathrm{H}}(\boldsymbol{AX}-\tilde{\boldsymbol{Y}}) + \frac{1}{2}\mu_1\boldsymbol{\Lambda}_1\odot\boldsymbol{X} + \frac{1}{2}\mu_2\boldsymbol{\Lambda}_2\boldsymbol{X} \tag{3.43}$$

式中：$\boldsymbol{\Lambda}_1 = f_\delta(\boldsymbol{X})/\delta^2$；$\boldsymbol{\Lambda}_2$ 为对角阵，第 n 个对角元素为 $\exp(-\|\boldsymbol{X}(n,:)\|_2^2/2\delta^2)/\delta^2$，$\boldsymbol{X}(n,:)$ 表示矩阵 $\boldsymbol{X}$ 的第 n 行。

AL0 算法的详细步骤参照表 3.1。

表 3.1　AL0 算法步骤

算法输入：矩阵 $\boldsymbol{A}$，测量值向量 $\boldsymbol{Y}$

初始化：
1. 令初始值 $\boldsymbol{X}^{(0)} = \boldsymbol{A}^{\mathrm{T}}(\boldsymbol{AA}^{\mathrm{T}})^{-1}\tilde{\boldsymbol{Y}}$，即 $\boldsymbol{X}^{(0)}$ 为 $\tilde{\boldsymbol{Y}}=\boldsymbol{AX}$ 的最小二乘解。
2. 选择一组下降序列$[\delta_1 \quad \delta_2 \quad \cdots \quad \delta_J]$，收敛准则为 ε。
算法迭代：
for $j=1,2,\cdots,J$

续 表

---

3. 用最速下降法最小化函数 $L_\delta(\boldsymbol{X})$；

while norm $(\nabla L(\boldsymbol{X}))>\delta_j\varepsilon$

3.1 确定步长 u 使得

$L_\delta[\boldsymbol{X}-u\nabla L(\boldsymbol{X})]<L_\delta(\boldsymbol{X})$；

3.2 沿梯度方向更新：

$\boldsymbol{X}=\boldsymbol{X}-u\nabla L(\boldsymbol{X})$；

end

4. 令 $\boldsymbol{X}^{(J)}=\boldsymbol{X}$

end

输出结果：$\hat{\boldsymbol{X}}=\boldsymbol{X}^{(J)}$

一般取 $\delta_j=\gamma\delta_{j-1}$，$j=2,3,\cdots,J$，$\gamma\in(0.5,1)$。当存在噪声时，为了使对噪声不会太敏感，$\delta_J$ 的取值不宜过小。

在求解得到跳频信号时频图后，按最大值的比例简单设定门限，根据过门限时频点的起始时刻和行位置可分别估计出跳时刻和跳时刻前后的频率值。

3.3.3 基于改进 OMP 算法的跳时刻精确估计

利用 3.3.2 节的方法可以得到跳时刻的大致范围，粗估误差小于分段的长度。本小节将根据粗估的跳时刻和频率，给出压缩采样跳频数据跳时刻的精确估计方法。

3.3.3.1 跳时刻稀疏表示模型

常规的稀疏重构理论考虑信号 $s\in\mathbb{C}^{P\times1}$ 在一组标准正交集 $\boldsymbol{\psi}_1,\boldsymbol{\psi}_2,\cdots,$ $\boldsymbol{\psi}_P$ 上是 d 稀疏的，则信号可以表示为

$$s=\sum_{i=1}^{P}\psi_i x_i \quad 或 \quad s=\boldsymbol{\Psi}x \qquad (3.44)$$

式中：$\boldsymbol{\Psi}=[\boldsymbol{\psi}_0,\boldsymbol{\psi}_1,\cdots\boldsymbol{\psi}_{P-1}]$；$x_i=\langle s,\boldsymbol{\psi}_i\rangle$，$x\in\mathbb{C}^P$ 且 $\|x\|_0=d$。针对频域稀疏信号，$\boldsymbol{\Psi}$ 是由频率网格划分构成的傅里叶正交集。

如果不利用跳时刻前后的频率信息建立文献[9]中的稀疏模型，那么观测矩阵的维数为 $P\times P^2$，矩阵维数太大导致计算量难以承受。因为通过 3.3.2 节中的时频分析方法可以得到跳变前后的频率，所以本节在建立精确估计跳

时刻的稀疏表示模型时假设粗估跳时刻和跳变前后频率已知。以粗估跳时刻为中心选取观测数据，观测长度 N' 应大于跳时刻的粗估误差，且观测时间内每个跳频信号最多包含一个跳时刻（若 3.3.2 节中的分段长度和分段间隔都小于跳周期，则观测数据很容易选择）。因此，在观测数据段内每个跳频信号最多包含一个跳时刻。对包含跳时刻的跳频信号，已知频率由 ω_i 跳变为频率 ω_j，依次改变频率跳变位置得到对应的稀疏基矩阵 $\boldsymbol{\Psi}_1 = [\boldsymbol{\psi}_1, \boldsymbol{\psi}_2, \cdots, \boldsymbol{\psi}_{P-2}] \in \mathbb{C}^{P \times 2(P-2)}$，其中

$$\boldsymbol{\psi}_p = \begin{bmatrix} e^{j\omega_i 1}, \cdots, e^{j\omega_i p} & \mathbf{0} \\ \mathbf{0} & e^{j\omega_j 1}, \cdots, e^{j\omega_j (P-p)} \end{bmatrix}^{\mathrm{T}} \tag{3.45}$$

对于频率恒定的跳频信号，已知其频率为 ω_i，观测矩阵由一个单频列向量和一个零向量组成，表示为

$$\boldsymbol{\Psi}_0 = \begin{bmatrix} e^{j\omega_i 1}, e^{j\omega_i 2}, \cdots, e^{j\omega_i P} \\ \mathbf{0} \end{bmatrix}^{\mathrm{T}} \tag{3.46}$$

将全部跳频信号对应的观测矩阵按列依次拼接为一个综合的观测矩阵 $\boldsymbol{W}'$。观测数据可表示为

$$s = \boldsymbol{W}'x \tag{3.47}$$

对式(3.47)中的数据进行压缩采样可得

$$\tilde{s} = \boldsymbol{A}x = \boldsymbol{\Phi W}'x \tag{3.48}$$

由 $\boldsymbol{\Psi}_0$ 与 $\boldsymbol{\Psi}_1$ 的结构易知，x 的稀疏度 $d = 2M_1 + M_0$，其中 M_1, M_0 分别表示观测时间内频率发生跳变的信号个数与频率恒定的信号个数，且 $M = M_1 + M_0$，观测矩阵 $\boldsymbol{A}$ 的总列数 $D = 2M_1(P-2) + 2M_0$。以两个跳频信号为例，一个包含跳时刻，另一个频率恒定，则观测矩阵 $\boldsymbol{A} = \boldsymbol{\Phi}[\boldsymbol{\Psi}_1, \boldsymbol{\Psi}_0]$，此时向量 x 稀疏度为 3，x 的非零元素代表频率跳时刻的位置。接下来将介绍式(3.47)的求解算法。

3.3.3.2　OMP 算法

正交匹配追踪算法[63]属于贪婪类算法，每次迭代过程中寻找 $\boldsymbol{A}$ 中与观测向量相关性最大的列向量，并在观测向量中去掉所选列集合的影响。经过 m 次依次迭代，找出 $\boldsymbol{A}$ 中组成观测向量的列向量集合。文献[63]中用理论和仿真证明了 OMP 算法能够在含噪情况下很好地恢复稀疏信号。OMP 算法描述见表 3.2。

表 3.2　OMP 算法步骤

算法输入:观测数据 s,观测矩阵 A,稀疏度 d,A 与 d 根据 3.3.3.1 节设定。

初始化:

　　1.冗余信息 $r_0 = s$,选取列向量集合 $A_0 = \varnothing$,选取位置集合 $\Lambda_0 = \varnothing$,迭代次数 $t = 0$。

算法迭代:

　　2.选取最优向量集

　　　2.1　通过计算下式,得到列向量位置 λ_t:
$$\lambda_t = \arg\max_{i=1,2,\cdots,D} |\langle r_{t-1}, a_i \rangle| \tag{3.49}$$
　　　式中:$\langle\rangle$ 表示两矢量的内积。

　　　2.2　扩展 $A_t = [A_{t-1} \quad a_{\lambda_t}]$,$\Lambda_t = \Lambda_{t-1} \bigcup \{\lambda_t\}$。

　　　2.3　求 $x_t = \arg\max_x \| r_{t-1} - A_t x \|_2$。

　　　2.4　计算近似观测信号 $\hat{y}_t = A_t x_t$ 和冗余信息 $r_t = y - \hat{y}_t$。

　　　2.5　$t = t+1$,若 $t < k$,则返回步骤 2.1,否则执行步骤 3。

　　3.输出结果:$\hat{x} = x_t$

　　式(3.48)中观测矩阵的子矩阵 ψ_p 代表一个跳时刻,两列线性组合共同完成某一个跳频信号的恢复。即使 ψ_p 代表真实的跳时刻,但 ψ_p 的单列与观测数据的相关值很可能不是最大,因此式(3.49)的列矢量选取方法不能适应两列组合选取的情况(在 3.3.3.3 节证明)。为了求解式(3.48)的稀疏表示模型,本书提出了 IOMP 算法,修正了列矢量选取规则,使算法能够精确估计跳时刻。

3.3.3.3　IOMP 算法原理

　　考虑包含跳时刻的信号 s 在时刻 $\bar{p}$ 频率由 ω_i 跳变为频率 ω_j,跳变前后的初始相位分别为 θ_1 和 θ_2,则信号 s 可表示为
$$s = [e^{j\omega_i 1 + j\theta_1}, \cdots e^{j\omega_i \bar{p} + j\theta_1}, e^{j\omega_j(\bar{p}+1)+j\theta_2}, \cdots, e^{j\omega_j P + j\theta_2}] \tag{3.50}$$
当 $d = 2n-1$ 时,有
$$\langle s, \psi_d \rangle = \begin{cases} \sum_{l=1}^{n} e^{j\theta_1}, & n \leqslant \bar{p} \\ \sum_{l=1}^{n} e^{j\theta_1} + \sum_{l=\bar{p}+1}^{n} e^{j(\omega_j-\omega_i)l+j\theta_2}, & n > \bar{p} \end{cases} \tag{3.51}$$
当 $d = 2n$ 时,有

$$\langle s, \psi_d \rangle = \begin{cases} \sum\limits_{l=n+1} e^{j(\omega_i-\omega_j)l+j\theta_1} + \sum\limits_{l=\bar{p}+1}^{P} e^{j\theta_2}, & n < \bar{p} \\ \sum\limits_{l=n+1}^{P} e^{j\theta_2}, & n \geqslant \bar{p} \end{cases} \quad (3.52)$$

因为相位 θ_1、θ_2 的值不确定，所以导致 $\max(|\langle s, \psi_{2\bar{p}} \rangle|, |\langle s, \psi_{2\bar{p}-1} \rangle|) \leqslant \max\limits_{d \in [1,D]} \{|\langle s, \psi_d \rangle|\}$。然而

$$|\langle s, \psi_{2\bar{p}-1} \rangle| + |\langle s, \psi_{2\bar{p}} \rangle| = \left| \sum_{l=1} e^{j\theta_1} \right| + \left| \sum_{l=\bar{p}+1}^{P} e^{j\theta_2} \right| = P \quad (3.53)$$

当 $n < \bar{p}$ 时，因为 $\omega_i \neq \omega_j$，所以有

$$|\langle s, \psi_{2n-1} \rangle| + |\langle s, \psi_{2n} \rangle| = \left| \sum_{l=1}^{n} e^{j\theta_1} \right| + \left| \sum_{l=n+1} e^{j(\omega_1-\omega_j)l+j\theta_1} + \sum_{l=\bar{p}+1}^{P} e^{j\theta_2} \right| < P \quad (3.54)$$

同理，当 $n > \bar{p}$ 时，有 $|\langle s, \psi_{2n-1} \rangle| + |\langle s, \psi_{2n} \rangle| < P$。由式(3.53)和式(3.54)可知

$$\bar{p} = \arg \max_n |\langle s, \psi_{2n-1} \rangle| + |\langle s, \psi_{2n} \rangle| \quad (3.55)$$

通过以上分析得到如下结论：观测矩阵各列矢量与观测矢量的内积最大值一般不在跳时刻处，但观测矩阵各子矩阵 ψ_p 的两个列矢量与观测矢量的内积之和的最大值应在跳时刻处。因此，IOMP 方法在子空间选取时要以两列矢量内积之和为选取标准。首先计算冗余信息与观测矩阵各列矢量的内积为

$$\rho_t(d) = |\langle r_{t-1}, \psi_d \rangle| \big|_{d=1,2,\cdots,D} \quad (3.56)$$

然后将 $\rho_t(d)$ 的第 $2n-1$ 位与第 $2n$ 位相加得到 $\rho_t'(n)$，取 $\rho_t'(n)$ 的最大值位置作为与观测数据匹配的向量 ψ_p 位置。

$$\lambda_t = \max_n \{\rho_t'(n) = \rho_t(2n-1) + \rho_t(2n)\} \quad (3.57)$$

在集合 A_t 扩展时，将根据式(3.57)选取的两列统一加入集合，其他过程与 OMP 算法相同。

3.4　仿真实验与分析

3.4.1　基于 AL0 算法的跳频信号时频分析仿真

本小节将通过仿真验证 AL0 算法在估计跳频信号时频图时的有效性。仿真实验 3-1 验证均匀采样时算法时频分析的正确性；仿真实验 3-2 验证

高斯随机矩阵观测时的时频分析性能;仿真实验 3-3 验证非均匀采样时的时频分析性能;仿真实验 3-4 验证算法的多跳频信号适应能力。

仿真实验 3-1:验证对均匀采样数据算法的时频分析结果的正确性。

跳频信号的跳速为 20 000 hop/s,跳频带宽为 1 GHz,奈奎斯特采样率应为 $f_s=2$ GHz,观测数据持续时长为 5 μs(5 000 个采样点),第一跳的持续时长为 2 μs。在观测时间内信号的频率由 $\omega_1=2\pi\frac{16}{256}f_s$ 跳变到 $\omega_1=2\pi\frac{12}{256}f_s$。第一跳数据均匀采样后的离散形式可表示为

$$s(n)=a\exp[j\omega_1 n/f_s+j\phi_1], \quad n=1,2,\cdots,2\,000 \tag{3.58}$$

改变式(3.58)中时间、频率和初相的取值即可表示其他跳数据,本书仿真中取 $a=1,\phi_i\in[0,2\pi]$ 随机取值。重构模型式(3.14)中设定 $P=256$,$\mu_1=P/4,\mu_2=P$。

信噪比为 -5 dB 时,本书方法和其他 3 种方法得到的时频图如图 3.1 所示。其中:图 3.1(a)表示 STFT 方法结果;图 3.1(b)表示 WVD 方法结果;图 3.1(c)表示 SPWD 方法结果;图 3.1(d)表示本书方法结果。

从图 3.1 中可以看出 STFT 方法分析结果受噪声和时频不确定性影响较大,WVD 方法受噪声和交叉项影响严重,SPWD 方法效果较好,但计算量较大。本书方法能够有效抑制噪声,时频分析结果明显优于其他三种方法。

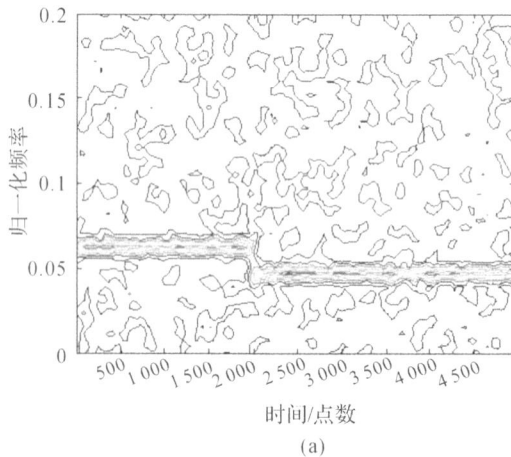

图 3.1　本书方法与其他方法对均匀采样跳频信号的时频分析结果比较
(a)STET 方法

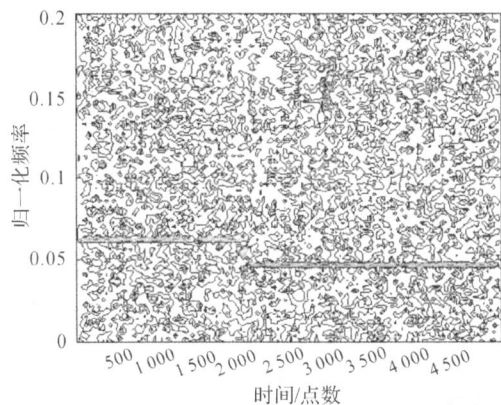

(b)

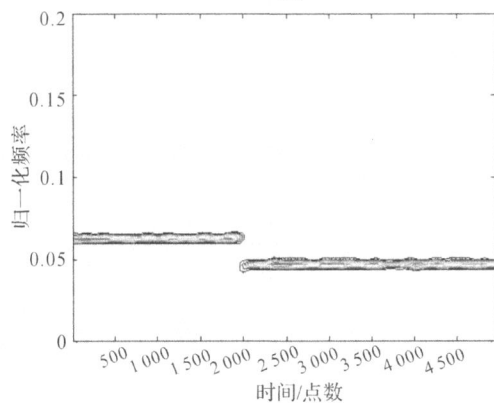

(c)

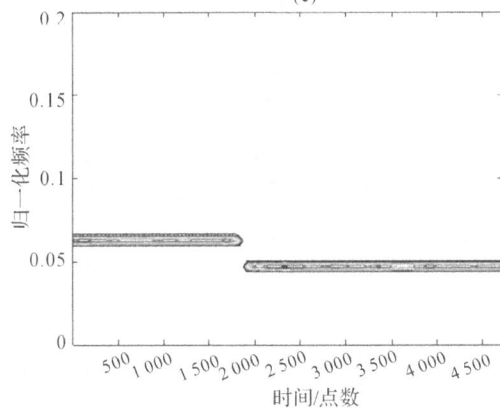

(d)

续图 3.1 本书方法与其他方法对均匀采样跳频信号的时频分析结果比较

(b)WVD 方法； (c)SPWD 方法； (d)本书方法

仿真实验 3-2：验证对高斯随机矩阵压缩采样数据的时频分析能力。

本仿真中观测矩阵为高斯随机矩阵，由 Matlab 高斯随机函数 randn(M，P)生成，并将各列范数归一化，信噪比为 0 dB,其他参数与仿真实验3-1相同。压缩比分别为 2 和 10 时，本书方法时频分析结果如图 3.2 所示。

从仿真结果可以看出，本书方法在压缩比为 2 时能够很好地得到时频分析结果，压缩比为 10 时分析结果可能会出现小部分偏差，但这小部分误差可以通过第 2 章的时频图修正方法进行修正，此处就不再详细描述。

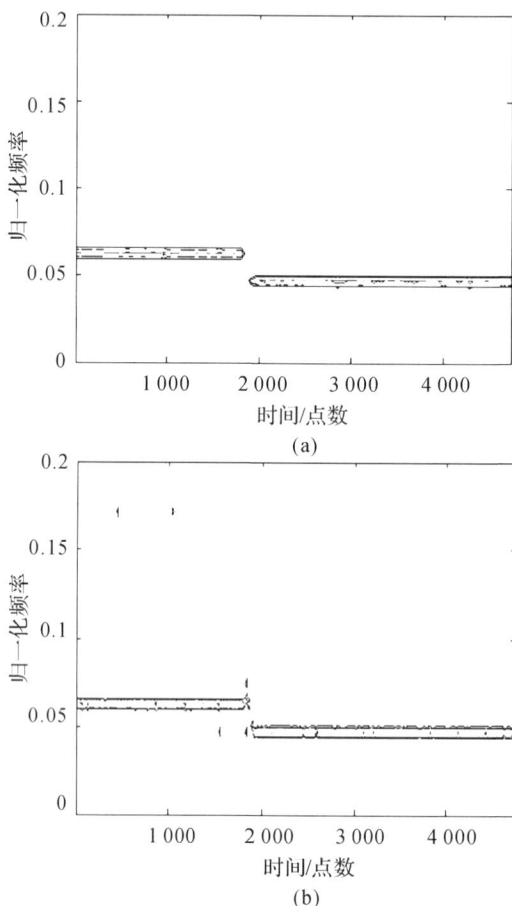

图 3.2　高斯随机矩阵压缩采样跳频信号的时频分析结果
(a)压缩比为 2；　(b)压缩比为 10

为了描述本书方法的时频分析性能，提出了时频表示正确率的概念。首先根据幅度门限将时频分析结果二进制化,若在跳频信号对应的时频点处二进制矩阵中元素值为 1,则认为该时频点为正确时频点,将虚值点和漏值点(定义见 2.4.3 节)统称为错误时频点。在得到正确时频点个数 N_R 和错误时频点个数 N_E 后,通过下式计算时频表示正确率:

$$T_R = \frac{N_R}{N_R + N_E} \tag{3.59}$$

图 3.3 给出了信噪比分别为 -5 dB、0 dB 和 10 dB 情况下,本书方法的时频表示正确率与信噪比、压缩比的关系。从图 3.3 中可以看出,压缩比越小,本书方法的时频分析性能越好,当信噪比为 10 dB、压缩比不大于 20 时,时频表示正确率高于 95%。随着信噪比的减小,时频表示性能变差,要保证 90% 的时频表示正确率,信噪比为 0 dB 时压缩比不得大于 10,信噪比为 -5 dB 时压缩比不得大于 2。

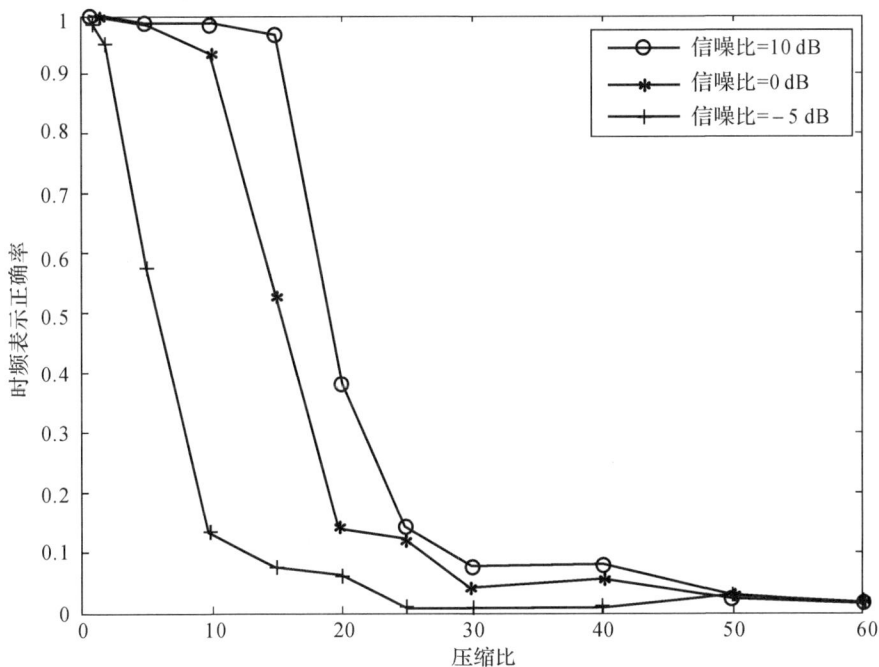

图 3.3 高斯随机矩阵压缩采样跳频信号的时频表示正确率与信噪比、压缩比的关系

仿真实验 3-3:验证对非均匀采样数据的时频分析能力。

本仿真中跳频压缩采样数据为非均匀采样数据,其他参数与仿真实验 3-2 相同。在信噪比为 0 dB 情况下,压缩比分别为 2 和 10 时,本书方法时频分析结果如图 3.4 所示。从仿真结果可以看出,与图 3.2 结果类似,本书方法能够取得较好的时频分析效果。

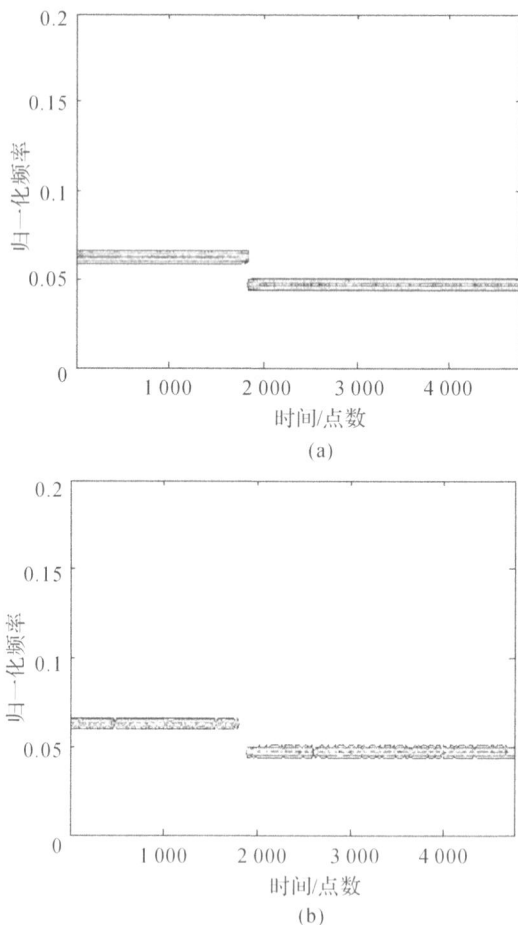

(a)

(b)

图 3.4　非均匀采样跳频信号的时频分析结果
(a)压缩比为 2；　(b)压缩比为 10

　　图 3.5 给出了信噪比分别为 −5 dB、0 dB 和 10 dB 情况下,本书方法的时频表示正确率与信噪比、压缩比的关系。从图 3.5 中可以看出,当信噪比为 10 dB、压缩比不大于 30 时,本书方法的时频表示正确率高于 95%。随着信噪比的减小,时频表示性能变差,要保证 90% 的时频表示正确率,信噪比为 0 dB 时压缩比不得大于 20,信噪比为 −5 dB 时压缩比不得大于 5。比较图 3.5 与图 3.3 可以看出,在相同的信噪比和压缩比情况下,本书方法对非均匀

采样数据的时频分析性能优于对高斯随机矩阵压缩采样数据的性能。

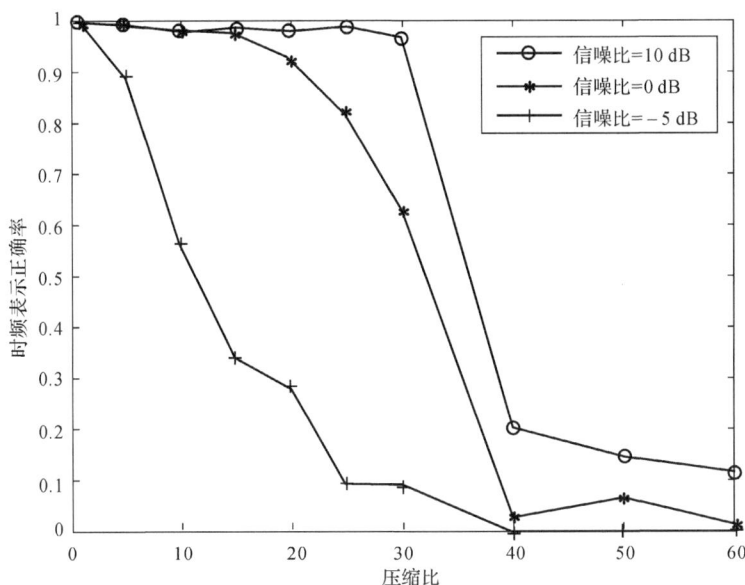

图 3.5　非均匀采样跳频信号的时频表示正确率与信噪比、压缩比的关系

从以上 3 个仿真实验可以看出,本书方法能够很好地适应高斯随机压缩采样数据和非均匀采样数据,当信噪比大于 10 dB 时,采样率可减小为原来的 20 倍。在接下来的仿真中,将验证本书方法对多网台跳频混合信号的适应能力。

仿真实验 3-4:验证对多网台跳频混合信号的时频分析能力。

在仿真实验 3-1 的基础上再增加一个跳频信号,第一跳的持续时长为 3 000 点。在观测时间内信号的频率由 $\omega_1 = 2\pi \dfrac{9}{256} f_s$ 跳变到 $\omega_1 = 2\pi \dfrac{14}{256} f_s$。下面就不同的压缩观测矩阵进行分析。

对于高斯随机压缩观测数据,图 3.6 给出了信噪比 0 dB 情况下,压缩比分别为 2 和 10 时的时频分析结果。

对于非均匀采样数据,图 3.7 给出了信噪比 0 dB 情况下,压缩比分别为 2 和 10 时的时频分析结果。

从图 3.6 和图 3.7 可以看出,本书的时频分析方法能够适应多信号的情况,当压缩比为 2 时,对高斯随机矩阵压缩采样和非均匀采样数据都能得到很好的效果,但当压缩比为 10 时,时频分析效果变得较差,但仍能分辨出跳频信号的频率分布。

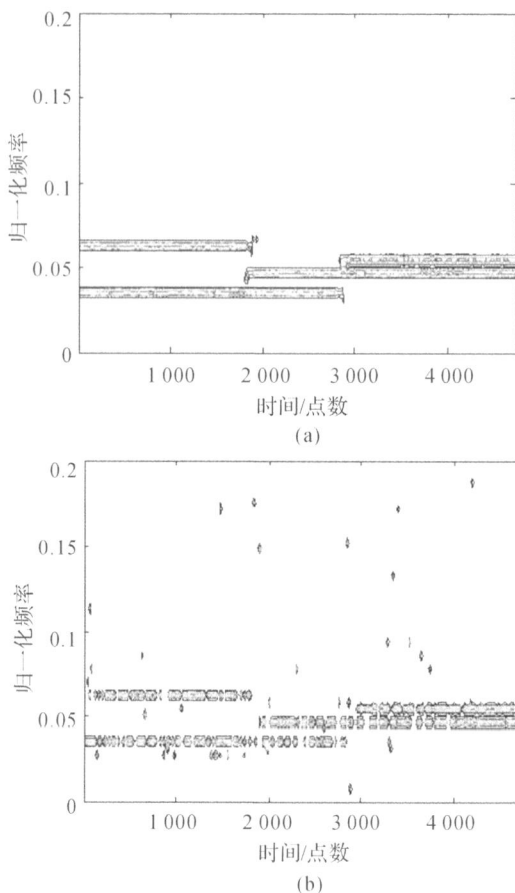

(a)

(b)

图 3.6   高斯随机矩阵压缩采样多网台跳频混合信号的时频分析结果
(a)压缩比为 2；   (b)压缩比为 10

图 3.8 给出了信噪比分别为－5 dB、0 dB 和 10 dB 情况下，本书方法的时频表示正确率与信噪比、压缩比的关系。由图 3.8 可知，在相同信噪比情况下，时频表示性能随着压缩比增大而变差，要保证 90％以上的时频表示正确率，信噪比越大，可适应的压缩比越大。比较图 3.8 的两个子图可以看出，在相同的信噪比和压缩比情况下，本书方法对非均匀采样数据的时频分析性能优于对高斯随机矩阵压缩采样数据的时频分析性能。

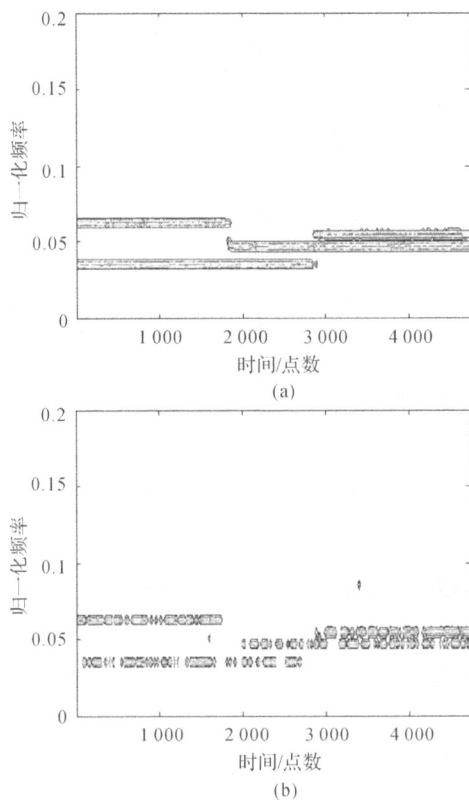

图 3.7　非均匀采样多网台跳频混合信号的时频分析结果

（a）压缩比为 2；　（b）压缩比为 10

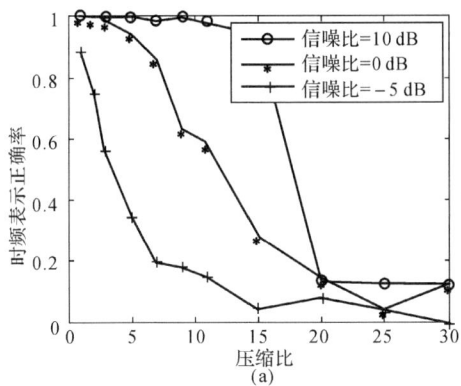

图 3.8　多网台跳频混合信号的时频表示正确率与信噪比、压缩比的关系

（a）高斯随机压缩观测

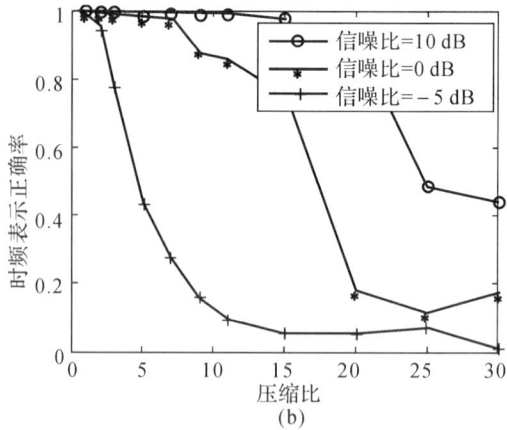

续图 3.8 多网台跳频混合信号的时频表示正确率与信噪比、压缩比的关系
(b)非均匀采样

3.4.2 基于 IOMP 算法的跳时刻估计仿真

本小节将通过仿真验证 IOMP 算法估计跳时刻的性能。仿真实验 3－5以单跳频信号均匀采样数据为分析对象,验证算法的有效性及信噪比适应能力;仿真实验 3－6 以单跳频信号压缩数据为分析对象,验证算法的有效性及信噪比适应能力;仿真实验 3－7 是以两个跳频信号为分析对象,分析多跳频信号对算法信噪比适应能力的影响。

仿真实验 3－5:验证对均匀采样数据的跳时刻估计性能。

跳频信号参数与仿真实验 3－1 的参数相同,用本书方法估计的跳时刻与真实值的比较如图 3.9 所示。图 3.9 给出了信噪比从－10 dB 到 16 dB 变化时本书算法的跳时刻估计精度,并与 SLR 方法[9]、SPWD 方法[2]比较,每组仿真分别进行 100 次独立实验。

从图 3.9 可知,当信噪比小于 0 dB 时本书方法性能明显优于其他两种方法。当信噪比大于 0 dB 时本书方法与 SLR 方法性能相当,且估计偏差逐渐趋于 0,SPWD 方法在高信噪比情况下仍存在的估计偏差。造成上述性能差异的主要原因是 SPWD 方法估计是对数据段进行操作,受窗函数长度的影响,而本书方法与 SLR 方法对采样点进行操作,故在高信噪比条件下,本书方法与 SLR 方法可以准确估计跳时刻,而 SPWD 方法受窗长度影响仍存在估计误差。本书方法与 SLR 方法估计跳时刻的原理不同导致了算法的信噪比适应能力也不同,SLR 方法通过估计观测数据各时刻的频率,然后检测跳时刻,而本书方法将跳时刻作为最优化参数,通过匹配搜索满足条件的最优时刻估计跳时刻,仿真实验表明本书方法的信噪比适应能力强于 SLR 方法。

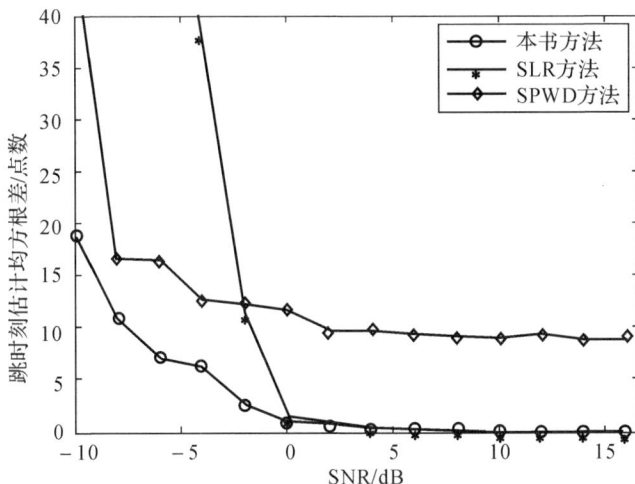

图 3.9　本书方法与其他方法对均匀采样跳频信号的跳时刻估计性能比较

接下来仿真分析本书方法在多网台跳频信号混合情况下的跳时刻估计性能。在上述仿真条件的基础上,再增加一个跳频信号:第一跳的持续时长为 2.06 μs(2 060 个采样点),信号的频率由 $\omega_1 = 2\pi \frac{9}{256} f_s$ 跳变到 $\omega_1 = 2\pi \frac{14}{256} f_s$。

图 3.10 给出了信噪比从 −10 dB 到 16 dB 变化时本书方法的跳时刻估计精度,并与 SLR 方法比较,每组仿真分别进行 100 次独立实验。由 2.5.3 节的分析可知,当观测时间内存在多个跳频信号时,基于 SPWD 方法不能估计跳时刻,因此图 3.10 中不包含基于 SPWD 方法的性能曲线。从图 3.10 中可以看出,当信噪比小于 5 dB 时,本书方法性能明显优于 SLR 方法,当信噪比大于 8 dB 时,本书方法能够精确估计跳时刻,但 SLR 方法仍存在的估计偏差。

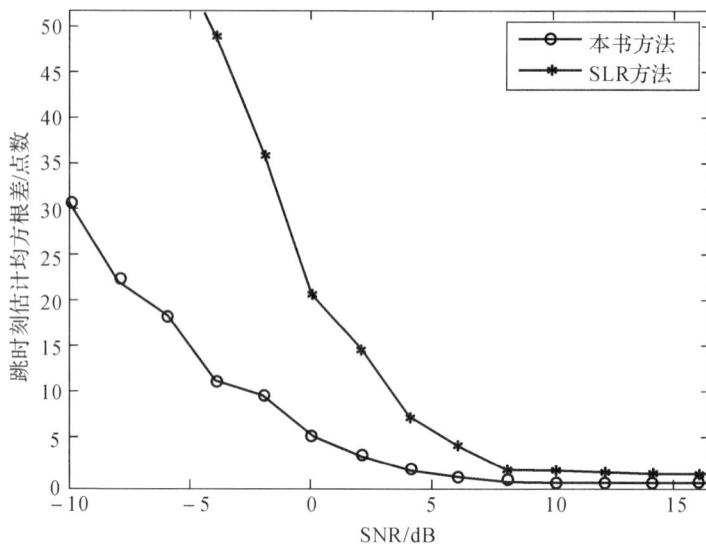

图 3.10　本书方法与 SLR 方法对均匀采样多网台跳频混合信号的跳时刻估计性能比较

仿真实验 3 - 6:验证对高斯随机矩阵压缩采样数据的跳时刻估计性能。

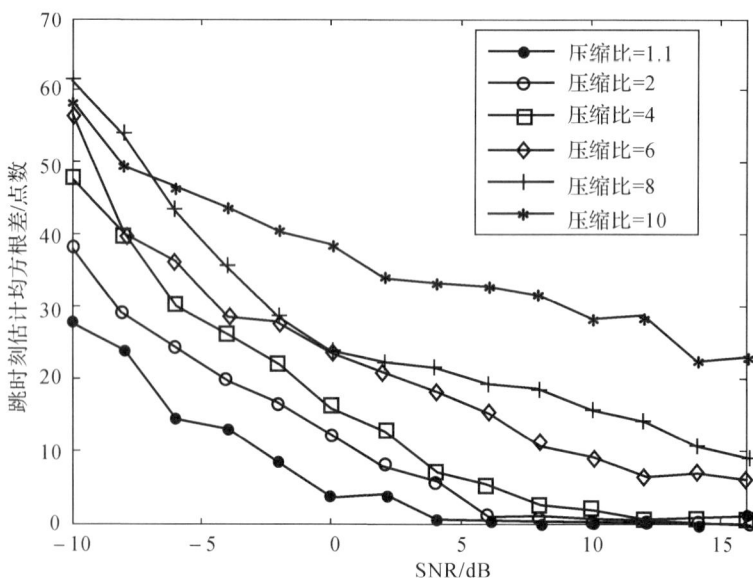

图 3.11　高斯随机矩阵压缩采样跳频信号的跳时刻估计性能

跳频信号参数及观测矩阵的设置与仿真实验 3-2 的参数相同,图 3.11 为不同压缩比情况下本书方法的跳时刻估计性能,每组仿真分别进行 100 次独立实验。随着压缩比的增大,算法的估计精度变差,当信噪比大于 10 dB,压缩比小于 6 时,跳时刻估计均方根差小于 10 个采样点。

仿真实验 3-7:验证对非均匀采样数据的跳时刻估计性能。

跳频信号参数及观测矩阵的设置与仿真实验 3-3 相同,图 3.12 为不同压缩比情况下本书算法的跳时刻估计性能,每组仿真分别进行 100 次独立实验。随着压缩比的增加算法的估计精度变差,当信噪比大于 5 dB,压缩比小于 4 时,跳时刻估计均方根差小于 10 个采样点。对比仿真实验 3-6 的结果,可以看出本书方法对非均匀采样和高斯随机矩阵压缩采样的跳时刻估计性能基本接近。当压缩比小于 4 时,非均匀采样的跳时刻估计性能略优。

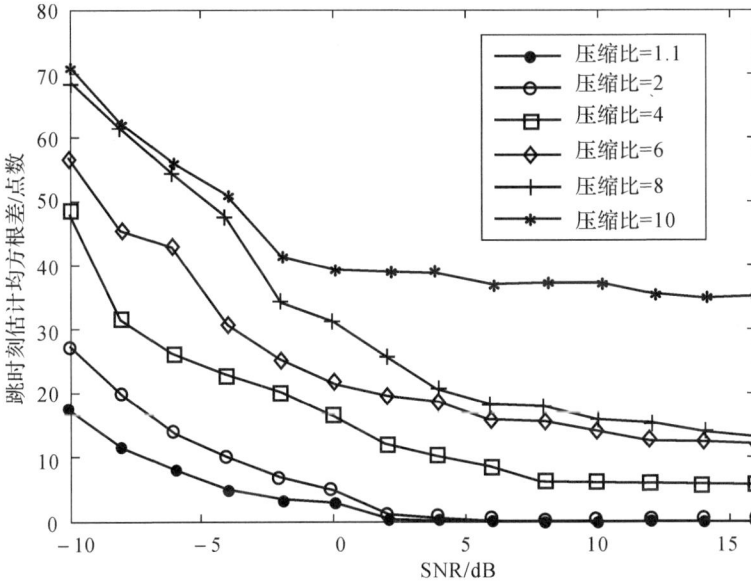

图 3.12　非均匀采样跳频信号的跳时刻估计性能

仿真实验 3-8:验证对多网台跳频混合信号压缩采样数据的跳时刻估计性能。

本实验中跳频信号参数与仿真实验 3-4 的参数相同,压缩方式选用高斯随机矩阵压缩采样。

图 3.13 为不同压缩比情况下本书方法对多跳频信号跳时刻估计的均方根误差随信噪比变化曲线,纵轴表示多个跳时刻估计均方根误差的均值,每组

仿真分别进行 100 次独立实验。从仿真结果可以看出,本书方法能够适应多网台跳频信号混合的情况。当压缩比小于 4,且信噪比较大时,跳时刻估计均方根误差小于 5 个采样点。在实际应用中可根据跳时刻估计精度指标来设定压缩采样时的压缩比。

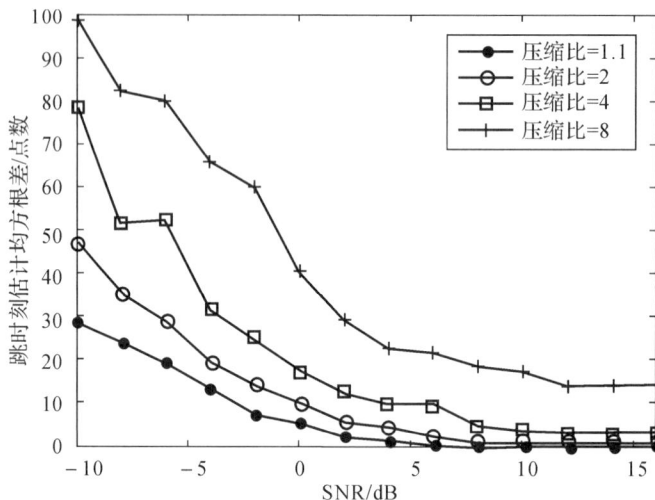

图 3.13 高斯随机压缩采样多网台跳频混合信号的跳时刻估计性能

3.4.3 实验结论

通过上述仿真实验可以得出以下结论:

(1)本章提出的跳频信号时频分析方法能够应用于均匀采样、高斯随机压缩采样和非均匀采样跳频数据,能够有效抑制噪声和交叉项,时频分析性能随着信噪比增大或压缩比的减小而提高。

(2)在相同的信噪比和压缩比情况下,本章提出的跳频信号时频分析方法对非均匀采样数据的时频分析性能优于对高斯随机压缩采样数据的时频分析性能。

(3)本章提出的跳时刻精确估计方法将跳时刻作为最优化参数,通过匹配搜索满足条件的最优时刻估计跳时刻,对均匀采样跳频信号的跳时刻估计性能明显优于现有方法,提高了信噪比适应能力。

(4)本章提出的跳时刻精确估计方法能够应用于高斯随机压缩采样和非均匀采样跳频数据,跳时刻估计性能随着压缩比的增加而变差。

(5)本章提出的跳频信号时频分析方法和跳时刻精确估计方法都适用于

多跳频信号,但在多网台跳频信号混合的情况下算法性能会有所降低。

3.5　本 章 小 结

本章针对压缩采样跳频信号,充分利用了跳频信号的时频稀疏性,提出了基于 AL0 算法的压缩采样跳频信号时频分析方法和基于 IOMP 算法的跳时刻精确估计方法。首先利用罚函数思想建立了跳频信号时频图的无约束稀疏重构模型,然后用 AL0 算法求解得出跳频信号的时频图,根据该方法得到的时频图可以获取跳频信号的频率和粗估的跳时刻,最后基于估计出的频率和粗估跳时刻建立了跳时刻估计的稀疏表示模型,用 IOMP 算法求解该模型提取跳时刻。

本章的主要成果及创新性工作有:

(1)提出了基于 AL0 算法的压缩采样跳频信号时频分析方法。该方法利用了跳频信号的时频稀疏特性,通过 AL0 算法求解稀疏重构模型获取压缩采样跳频信号的时频图。该方法能够有效抑制噪声和交叉项,对高斯随机矩阵压缩、非均匀采样压缩的跳频数据都能取得很好的效果,且能适用于多网台跳频信号混合的情况。

(2)提出了一种基于 IOMP 算法的跳时刻精确估计方法,建立了跳时刻估计的稀疏求解模型,并用 IOMP 算法求解跳时刻。该方法能够适用于多网台跳频信号混合的情况,显著提高了对均匀采样跳频数据的跳时刻估计性能,且能够精确估计高斯随机矩阵压缩、非均匀采样的跳频数据的跳时刻。

第4章　多通道跳频信号实时处理

4.1　引　　言

第 2 章主要研究跳频信号的跳周期估计问题,第 3 章主要研究压缩采样跳频信号侦察处理问题,这两章提出的方法在实时性方面与大部分已有跳频信号侦察处理方法类似,都是在获得了充分的观测数据之后才能进行参数估计,因此具有明显的滞后性。在对跳频信号侦察实时性要求较高的场合,如电子对抗实时情报支援,则需要实时检测跳时刻,并尽快估计出跳变后的信号频率,以实时掌握多个跳频信号参数的动态变化情况,及时为电子对抗装备提供情报支援。实现跳频信号的实时处理,更有利于通信干扰手段的实施。

文献[163]中提出了一种基于 ARMA 模型的单/多通道跳频信号跳时刻检测与频率估计方法。该方法首先建立了一个频率驻留时间内多个跳频信号混合的时域 ARMA 模型,然后用该模型实时检测跳频信号的跳时刻,并利用频率跳变之后较少的样本迅速估计跳变之后的信号频率。由于该方法在多通道情况下没有利用 DOA 信息,所以只能适用于异步网台的实时处理。在多通道接收情况下,可以考虑将实时 DOA 估计方法与文献[163]中的 ARMA 模型相结合来实现异步/同步网台跳频信号的实时处理,并提高实时处理性能。

针对多通道跳频信号实时处理问题,本章将运动信号谱估计的粒子滤波方法与文献[163]中的 ARMA 算法相结合,提出基于阵列多通道接收的跳频信号实时处理方法。首先在已知信号个数的条件下,通过粒子滤波方法实时估计各信号的频率-方位积;然后通过恢复各跳频信号时域波形估计其频率,并结合阵列响应函数和信号频率的估计值解算信号 DOA;最后利用信号频率估计值建立多个跳频信号混叠时观测数据的时域 ARMA 模型,并利用该模型实时对跳时刻进行检测。若未检测到频率跳变,则用该组数据对频率和

DOA 进行更新;若检测到频率跳变,则初始化粒子以重新估计频率和 DOA, 并借助跳频频率的连续性和方位信息进行异步或同步网台的频率关联。

本章的内容安排如下:4.2 节描述多通道同时接收多个跳频信号时的数据模型;4.3 节给出阵列观测数据的时域 ARMA 模型,并将其用于跳时刻的实时检测;4.4 节借助粒子滤波技术实现了多个跳频信号频率的实时估计与关联;4.5 节给出用于验证信号分离效果的空域滤波方法;4.6 节分别总结对异步和同步网台跳频信号实时处理的算法流程;4.7 节通过仿真实验验证本书提出方法的性能;4.8 节为本章小结。

4.2　跳频信号多通道接收模型

阵列多通道接收模型已在 2.2 节中由式(2.6)给出,即

$$x_t = \sum_{n=1}^{N} a_n \rho_n \mathrm{e}^{\mathrm{j}(t-1)\omega_n} + v_t = A s_t + v_t$$

在均匀线阵的情况下,阵列矢量为

$$a_n = [1, 2, \cdots, \mathrm{e}^{\mathrm{j}(M-1)\phi_n}]^{\mathrm{T}} \tag{4.1}$$

式中:$\phi_n = 2\pi f_n D \cos\theta_n / C$。

由于 ϕ_n 主要由频率 f_n 和方位 θ_n(DOA)组成,因此本书将 ϕ_n 定义为频率-方位积。如果能够估计阵列响应矩阵中对应各信号的频率-方位积,就可以构造阵列响应矩阵,进而完成信号的分离。为了实现跳频信号的实时处理,本章方法要求接收模型满足以下条件:

(1)信号个数小于阵元数,即超定接收。该条件与大部分常规阵列信号处理方法要求相同。

(2)阵列响应矩阵 A 列满秩。由于各跳频网台的 ϕ_n 由其频率和 DOA 决定,考虑到实际情况中同一时刻不同网台对应的 ϕ_n 一般不会相同,所以该条件容易满足。

若信号 s_{n_0} 在某时刻频率从 ω_{n_0} 跳变至 ω'_{n_0},则跳时刻前后阵列流型矩阵会发生变化,不能继续用频率跳变前的接收模型来描述跳变后的接收数据,且该信号后续相邻采样点之间的相位差也发生变化。本章算法的目标是实现对这些跳时刻的实时检测,并迅速估计各网台跳频信号的跳频频率及 DOA,在频率发生跳变后,利用这些实时信息完成频率关联。

跳频信号的实时处理包括以下几个关键问题:

(1)跳时刻的快速检测。只有在频率发生跳变后及时检测到跳时刻,才能

完成后续的处理。本章采用文献[163]中的 ARMA 模型来检测跳时刻,模型的建立需要估计各跳频信号的频率。

(2)频率估计。在接收到跳频信号后要用尽量少的采样点来估计跳频信号的频率,频率估计的时间决定了算法的跳速适应能力。

(3)DOA 估计。在检测到跳时刻后,为了完成同步网台信号或异步网台信号跳时刻比较接近时跳变前后频率的关联,需要借助各网台的 DOA 信息。

4.3 实时跳时刻检测

4.3.1 各频率驻留时段内观测数据的时域 ARMA 模型

下面首先建立各频率驻留时间内连续 $N+1$ 组观测之间所满足的时域 ARMA 模型(该模型要求观测组数要比信号个数多 1),并依据接收到的数据与该模型的吻合程度来实时检测频率是否发生跳变。

事实上,依据式(2.6)所示的阵列接收数据模型,文献[163]证明了如下结论成立。

N 个跳频信号同时入射时,各频率驻留时间内连续 $N+1$ 个时刻的阵列接收数据之间满足如下 ARMA 模型:

$$\sum_{i=0}^{N} c_i \boldsymbol{x}_{t+i} = \sum_{i=0}^{N} c_i \boldsymbol{v}_{t+i} \qquad (4.2)$$

式中:$c_N = 1$。

$$c_n = (-1)^{N-n} \{ \mathrm{e}^{\mathrm{j}\omega_n'} \}_n^N, \quad n = 0, 1, \cdots, N-1 \qquad (4.3)$$

更直观地,$c_0, c_1, \cdots, c_N$ 是以下一元方程的系数:

$$f(\alpha) = \prod_{n=1}^{N} (\alpha - \mathrm{e}^{\mathrm{j}\omega_n}) = c_N \alpha^N + c_{N-1} \alpha^{N-1} + \cdots + c_1 \alpha + c_0 = 0 \quad (4.4)$$

特征方程(4.4)表明各频率驻留时间内阵列接收数据所满足的 ARMA 模型的系数与各信号频率之间存在直接关系,若能够借助信号频率估计值建立该模型,则可以通过检测当前时刻的接收数据及其前 N 个样本与该模型的吻合程度判断是否发生了频率跳变。

4.3.2 利用观测数据的时域 ARMA 模型检测跳时刻

当各通道噪声相互独立,且都服从均值为 0,方差为 σ_n^2 的高斯分布时,阵列观测噪声也服从高斯分布,即 $\boldsymbol{v}_t \sim N(0, \sigma_n^2 \boldsymbol{I}_M)$,同时假设不同时刻的观测噪声独立同分布,则利用上述 ARMA 模型系数 $c_0, c_1, \cdots, c_N$ 消除连续 $N+1$ 个时刻观测样本中的信号分量之后,残余噪声的分布函数为

$$\sum_{i=0}^{N} c_i \boldsymbol{x}_{t+i} = \sum_{i=0}^{N} c_i \boldsymbol{v}_{t+i} \sim N\left(0, \left(\sum_{i=0}^{N} |c_i|^2\right) \sigma_n^2 \boldsymbol{I}_M\right) \tag{4.5}$$

依据前面连续 N 个观测样本并结合该 ARMA 模型,可以预测当前时刻的观测数据为

$$\hat{\boldsymbol{x}}_{t_h} = -\sum_{i=0}^{N-1} c_i \boldsymbol{x}_{t_h-N+i} \tag{4.6}$$

且当前时刻的实际观测数据与该预测值之间的偏差满足式(4.5)所示的高斯分布,即

$$\boldsymbol{x}_{t_h} - \hat{\boldsymbol{x}}_{t_h} \sim N\left(\boldsymbol{0}, \left(\sum_{i=0}^{N} |c_i|^2\right) \sigma_n^2 \boldsymbol{I}_M\right) \tag{4.7}$$

一旦某时刻(设为 t_h)某一个或多个信号的频率发生跳变,则阵列在该时刻的观测样本 $\boldsymbol{x}_{t_h}$ 将显著偏离其预测值 $\hat{\boldsymbol{x}}_{t_h}$,因而利用实际的观测样本及其预测值之间偏差的大小可以判断入射信号是否发生了频率跳变,即

$$\| \boldsymbol{x}_{t_h} - \hat{\boldsymbol{x}}_{t_h} \|_2^2 \underset{H_0}{\overset{H_1}{\underset{<}{>}}} \gamma \tag{4.8}$$

式中:H_1 表示假设"信号频率发生跳变";H_0 表示假设"信号频率未发生跳变";γ 为判决门限。

理想情况下,式(4.8)中的判决门限 γ 取决于噪声方差等因素,但由于噪声方差未知,因此实际处理过程中可以由该频率驻留时间内的历史数据估计该门限值。设当前频率驻留时段的起始时刻为 1,则该门限值可由下式计算:

$$\gamma = \mu\left(\frac{1}{t_h - N - 1} \sum_{t=N+1}^{t_h-1} \| \boldsymbol{x}_t - \hat{\boldsymbol{x}}_t \|_2^2\right) \tag{4.9}$$

式中:μ 为调整因子,一般可取 $\mu = 3 \sim 5$。

4.4　实时跳频频率估计与关联

跳频信号参数估计虽然在每个频率驻留时间内是静态问题,但每跳的起始时刻未知,且在未知信号跳频周期的情况下,该频率驻留时间也是未知的,因此为了实现跳频信号的实时处理,需要实时估计并逐步优化各频率驻留时

间内信号的频率和 DOA,利用信号频率估计值建立 ARMA 模型并实时检测频率跳变。在检测到频率跳变后,应迅速获取新的频率和 DOA 信息,以得到新的参数情报并完成频率关联。

由于跳频信号参数可能发生跳变,在未知频率的情况下,从阵列观测数据中直接获得的是各信号的阵列响应函数,该响应函数中信号频率与方位相互关联,难以直接分离。为了实时估计频率-方位积 ϕ_n,需要采用序贯的处理方法。传统的子空间方法和稀疏重构方法等空域处理方法大都采用批处理方式,不满足实时性要求。跳频接收模型不满足窄带条件,对其测向须采用宽带测向技术,而跳频信号各时刻占用的带宽却很小,宽带测向方法会引入额外的噪声。借鉴文献[164]中动态空间谱估计的思想,本书将粒子滤波算法用于跳频信号的实时频率-方位积估计,并对算法进行适当的改进。

本节将首先给出频率-方位积 ϕ_n 的估计方法,然后用 ϕ_n 去恢复信号波形来估计该跳信号的频率并建立 ARMA 模型,最后给出跳变前后频率关联的方法。

4.4.1 频率-方位积估计

本节利用粒子滤波算法来估计多个跳频信号的频率-方位积,这里首先介绍粒子滤波算法的原理[165]。

粒子滤波算法的主要思想是:首先依据目标解的经验条件分布在状态空间产生一组随机样本集合,将各个随机样本称为粒子,然后根据新的观测值不断调整粒子的权重和位置,并根据调整后的粒子信息修正目标解的概率分布。

粒子滤波算法的流程如下:

(1)初始化:设定粒子维数 N、个数 Q、粒子的权值 ω 及粒子分布规律;

(2)权值计算:根据后验概率计算各粒子的权重;

(3)重采样:去掉权重较小的粒子,将权重较大的粒子进行重采样;

(4)结果输出:计算各粒子的加权平均;

(5)判断是否结束,若是则退出本算法,若否则返回步骤(2)。

下面介绍基于粒子滤波的信号频率-方位积估计算法,算法包括频率-方位积初始化和频率-方位积更新两个步骤。

1. 频率-方位积初始化

在频率-方位积初始化步骤中,首先生成 Q 个频率-方位积粒子矢量,权值均为 $1/Q$,所有 NQ 个频率-方位积粒子的初值依据如下分布函数设定:

$$g\left(\boldsymbol{\phi}\right)\propto\sum_{l=0}^{M-1}p_{l}\Gamma_{[2\pi l/M,2\pi(l+1)/M)}\left(\boldsymbol{\phi}\right) \tag{4.10}$$

式中：p_{l} 为第一组阵列观测数据的傅里叶变换在频率 $2\pi l/M$ 处幅度的二次方；$\Gamma_{[2\pi l/M,2\pi(l+1)/M)}\left(\boldsymbol{\phi}\right)$ 为示性函数，且

$$\Gamma_{[2\pi l/M,2\pi(l+1)/M)}\left(\boldsymbol{\phi}\right)=\begin{cases}1,&\phi\in[2\pi l/M,2\pi(l+1)/M)\\0,&\text{其他}\end{cases} \tag{4.11}$$

为了使粒子散布得更均匀，将所有 NQ 个粒子的值按小到大排列，并等分为 N 段，然后把这 N 组一维粒子分别随机排序后组合得到 Q 个 N 维频率-方位积粒子矢量 $\boldsymbol{\Phi}_{q=1}^{Q}=\{\boldsymbol{\phi}_{q}^{(1)},\boldsymbol{\phi}_{q}^{(2)},\cdots,\boldsymbol{\phi}_{q}^{(N)}\}_{q=1}^{Q}$。

2. 频率-方位积更新

在频率-方位积更新过程中，每接收到一组新的观测数据之后，需要依据其后验概率密度函数，对这 Q 个参数代表频率-方位积的粒子进行更新，并从中估计信号的频率-方位积。

在未发生频率跳变的情况下，假设共采集到 t_{h} 组样本 $x_{1:t_{h}}$，这组样本服从独立的高斯分布：

$$\boldsymbol{x}_{t}\sim N(\boldsymbol{As}_{t},\sigma_{n}^{2}\boldsymbol{I}_{M}),\quad t=1,2,\cdots,t_{h} \tag{4.12}$$

同时假设 $s_{t}(t=1,2,\cdots,t_{h})$ 服从独立的零均值高斯分布[164,166]，则

$$\boldsymbol{s}_{t}\sim N(0,\sigma_{n}^{2}\delta^{2}\left(\boldsymbol{A}^{H}\boldsymbol{A}\right)^{-1}),\quad t=1,2,\cdots,t_{h} \tag{4.13}$$

式中：δ^{2} 为观测数据信噪比。

为了便于理论推导，假设频率-方位积、噪声方差分别服从 $[-\pi,\pi)$ 内的均匀分布和参数为 (β,γ) 的逆伽马分布：

$$\boldsymbol{\Phi}\sim U^{N}[-\pi,\pi) \tag{4.14}$$
$$\sigma_{n}^{2}\sim\mathrm{IG}(\beta,\gamma) \tag{4.15}$$

综合式(4.12)~式(4.15)，并结合贝叶斯理论，得到阵列观测数据关于各未知参数的后验概率密度函数为

$$g\left(\boldsymbol{\phi}_{1:N},\boldsymbol{s}_{1:t_{h}},\sigma_{n}^{2}\mid x_{1:t_{h}}\right)\propto p(x_{1:t_{h}}\mid\boldsymbol{\phi}_{1:N},\boldsymbol{s}_{1:t_{h}},\sigma_{n}^{2})p(\boldsymbol{\phi}_{1:N})p(\boldsymbol{s}_{1:t_{h}})p(\sigma_{n}^{2})=$$

$$\prod_{t=1}^{t_{h}}\frac{1}{|\pi\sigma_{n}^{2}\boldsymbol{I}_{M}|}\exp\left\{-\frac{1}{\sigma_{n}^{2}}\left(\boldsymbol{x}_{t}-\boldsymbol{As}_{t}\right)^{H}\left(\boldsymbol{x}_{t}-\boldsymbol{As}_{t}\right)\right\}\times\frac{1}{(2\pi)^{N}}\times$$

$$\prod_{t=1}^{t_{h}}\frac{1}{|\pi\sigma_{n}^{2}\delta^{2}\left(\boldsymbol{A}^{H}\boldsymbol{A}\right)^{-1}|}\exp\{-\boldsymbol{s}_{t}^{H}\left[\sigma_{n}^{2}\delta^{2}\left(\boldsymbol{A}^{H}\boldsymbol{A}\right)^{-1}\right]^{-1}\boldsymbol{s}_{t}\}\times$$

$$(\sigma_{n}^{2})^{-(\beta+1)}\times\exp\left\{-\frac{\gamma}{\sigma_{n}^{2}}\right\}=$$

$$(\pi\sigma_n^2)^{-(M+N)t_h} \times (2\pi)^{-N} \times (\sigma_n^2)^{-(\beta+1)} \times (\delta^{-2})^{Nt_h} \times |\boldsymbol{A}^{\mathrm{H}}\boldsymbol{A}|^{t_h} \times$$

$$\exp\left\{-\frac{1}{\sigma_n^2}\left[\gamma + \sum_{t=1}^{t_h}\left[(1+\delta^{-2})(\boldsymbol{s}_t - \boldsymbol{m}_t)^{\mathrm{H}}\boldsymbol{A}^{\mathrm{H}}\boldsymbol{A}(\boldsymbol{s}_t - \boldsymbol{m}_t) + \boldsymbol{\Delta}_t\right]\right]\right\}\right\}$$

$$(4.16)$$

式中:阵列响应矩阵 $\boldsymbol{A}(\boldsymbol{\Phi})$ 依赖于各信号的频率-方位积,为表述方便,简记为 $\boldsymbol{A}, \boldsymbol{\Phi}$;$\boldsymbol{m}_t$ 和 $\boldsymbol{\Delta}_t$ 分别为

$$\boldsymbol{m}_t = (1+\delta^{-2})^{-1}(\boldsymbol{A}^{\mathrm{H}}\boldsymbol{A})^{-1}\boldsymbol{A}^{\mathrm{H}}\boldsymbol{x}_t \tag{4.17}$$

$$\boldsymbol{\Delta}_t = \boldsymbol{x}_t^{\mathrm{H}}\left[\boldsymbol{I}_M - (1+\delta^{-2})^{-1}\boldsymbol{A}(\boldsymbol{A}^{\mathrm{H}}\boldsymbol{A})^{-1}\boldsymbol{A}^{\mathrm{H}}\right]\boldsymbol{x}_t \tag{4.18}$$

显然式(4.16)是关于 $\boldsymbol{s}_{1:t_h}$ 的正态分布函数,对这一函数关于 $\boldsymbol{s}_{1:t_h}$ 积分,进一步利用逆伽马分布的性质对 $\pi(\boldsymbol{\phi}_{1:N}, \sigma_n^2 | \boldsymbol{x}_{1:t_h})$ 关于 σ_n^2 积分,并省略其中的常数项,得到阵列观测数据关于频率-方位积的后验概率密度函数为

$$g(\boldsymbol{\phi}_{1:N} | \boldsymbol{x}_{1:t_h}) \propto \left(\gamma + \sum_{t=1}^{N}\boldsymbol{\Delta}_t\right)^{-(Mt_h+\beta)} = \left[\gamma + \mathrm{tr}(\widetilde{\boldsymbol{P}}_{\boldsymbol{A}}^{\perp}\hat{\boldsymbol{R}}_{\boldsymbol{x}}^{(t_h)})\right]^{-(Mt_h+\beta)}$$

$$(4.19)$$

式中:$\mathrm{tr}(\cdot)$ 为矩阵取迹运算符;$\widetilde{\boldsymbol{P}}_{\boldsymbol{A}}^{\perp} = \boldsymbol{I}_M - (1+\delta^{-2})^{-1}\boldsymbol{A}(\boldsymbol{A}^{\mathrm{H}}\boldsymbol{A})^{-1}\boldsymbol{A}^{\mathrm{H}}$;$\hat{\boldsymbol{R}}_{\boldsymbol{x}}^{(t_h)} = \sum_{t=1}^{t_h}\boldsymbol{x}_t\boldsymbol{x}_t^{\mathrm{H}}$。

假设在采集到 t_h 时刻的样本之前,Q 个频率-方位积粒子的状态分别为 $\boldsymbol{\Phi} = \{\boldsymbol{\phi}_q^{(1)}, \cdots, \boldsymbol{\phi}_q^{(N)}\}_{q=1}^{Q}$,接收到 t_h 时刻的样本后,由于该样本与该频率驻留时间内所积累的历史样本具有同样的参数,因此只需在这组参数粒子上附加随机的高斯扰动以弥补参数估计值可能存在的误差,得到一组新的候选粒子:

$$\boldsymbol{\Phi}^* = \{\boldsymbol{\phi}_q^{(1)*}, \cdots, \boldsymbol{\phi}_q^{(N)*}\}_{q=1}^{Q}, \boldsymbol{\phi}_q^{(n)*} - \boldsymbol{\phi}_q^{(n)} \sim N(0, \sigma_\phi^2)$$

$$n = 1, 2, \cdots, N; q = 1, 2, \cdots, Q \tag{4.20}$$

式中:σ_ϕ^2 为频率-方位积的扰动方差。

以如下概率接收候选粒子:

$$\mu = \min\{\xi, 1\} \tag{4.21}$$

$$\xi = \left[\frac{\gamma + \mathrm{tr}(\widetilde{\boldsymbol{P}}_{\boldsymbol{A}}^{\perp*}\hat{\boldsymbol{R}}_{\boldsymbol{x}}^{(t_h)})}{\gamma + \mathrm{tr}(\widetilde{\boldsymbol{P}}_{\boldsymbol{A}}^{\perp}\hat{\boldsymbol{R}}_{\boldsymbol{x}}^{(t_h)})}\right]^{-(Mt_h+\beta)} \tag{4.22}$$

式中:$\widetilde{\boldsymbol{P}}_{\boldsymbol{A}}^{\perp*} = \boldsymbol{I}_M - (1+\delta^{-2})^{-1}\boldsymbol{A}^*(\boldsymbol{A}^{*\mathrm{H}}\boldsymbol{A}^*)^{-1}\boldsymbol{A}^{*\mathrm{H}}$,$\boldsymbol{A}^*$ 表示由新的频率-方位积粒子组成的阵列流型矩阵。

概括起来说,从采集到第一组观测数据开始到检测到频率跳变之前,对 Q 个频率-方位积粒子的更新按照表4.1中的步骤进行。

在实时估计出各信号的频率-方位积之后,就可以从观测数据中较好地恢

复信号的时域波形,并从中估计出信号频率建立相应的时域 ARMA 模型,然后依据下一时刻实际接收数据与其预测值之间的偏离程度判断是否发生频率跳变。若未检测到频率跳变,则按照上述步骤进行频率-方位积粒子更新;若检测到频率跳变,则需要对频率方位积粒子按照表 4.2 中步骤进行初始化。根据网台类型的不同,完全或部分初始化各频率-方位积粒子之后,通过新的频率驻留时间内的样本积累,按照表 4.1 所述的粒子更新方法就能够实现新的频率驻留时间内的参数估计。

表 4.1　频率驻留时段内的频率-方位积粒子更新

(1) 初始化:依据式(4.10)设置 Q 个 N 维频率-方位积粒子的初值;

(2) 更新:每接收到一组新样本,对 Q 个频率-方位积粒子的取值和权值进行更新,

1) 根据式(4.20)生成候选样本;

2) 根据式(4.21)计算接收概率,决定样本取舍;

3) 根据后验概率密度函数式(4.19)计算更新后各粒子的归一化权值,即

$$w^{(q)}(t_h) = \frac{g(\boldsymbol{\Phi}^{(q)} \mid \boldsymbol{x}_{1:t_h})}{\sum\limits_{q=1}^{Q} g(\boldsymbol{\Phi}^{(q)} \mid \boldsymbol{x}_{1:t_h})} \tag{4.23}$$

4) 估计各信号的频率-方位积,即

$$\hat{\boldsymbol{\Phi}} = \sum_{q=1}^{Q} w^{(q)}(t_h) \boldsymbol{\Phi}^{(q)} \tag{4.24}$$

对 Q 个粒子进行重采样并附加随机扰动,以防止粒子退化,并为下一时刻的粒子更新做准备,即

$$\boldsymbol{\Phi}^{(q)} = \boldsymbol{\Phi}^{(l(q))} + \varepsilon \tag{4.25}$$

式中:$\varepsilon \sim N(0,\sigma_\phi^2)$;$l(q)$ 服从如下分布:

$$p(l(q) = i) = w^{(i)}(t_h), \quad i=1,2,\cdots,Q \tag{4.26}$$

5) 重置各粒子的权值为 $w^{(q)}(t_h) = 1/Q$。

表 4.2　检测到频率跳变之后的频率-方位积粒子初始化

(1)对同步网台,依据式(4.10)完全初始化各频率-方位积粒子;

(2)对异步网台,按照下式初始化频率发生变化的频率-方位积粒子:

$$\boldsymbol{\Phi}_q^{(n_q)} = \phi, \quad q=1,2,\cdots,Q \tag{4.27}$$

式中:n_q 在 $[1,N]$ 中均匀随机选择,ϕ 依据式(4.10)生成,生成函数中权值 p_l 对应于发生频率跳变处的观测数据。

4.4.2　信噪比估计

上一部分用于估计阵列响应函数的粒子滤波方法中包含观测数据的信噪比参数,为了增强算法的稳健性,有必要在样本积累的过程中,不断提高对该参数的估计精度。

式(4.7)表明各频率驻留时间内基于 ARMA 模型的观测数据预测误差服从均值为零、方差为 $(\sum_{i=0}^{N} |c_i|^2) \sigma_n^2 \boldsymbol{I}_M$ 的高斯分布,因此在特定频率驻留时间内的 t_h 时刻,噪声方差可由下式估计:

$$\hat{\sigma}_n^2 = \frac{1}{(t_h - N)M} \sum_{t=N+1}^{t_h} \| \boldsymbol{x}_t - \hat{\boldsymbol{x}}_t \|_2^2 / \left(\sum_{i=0}^{N} |\hat{c}_i|^2 \right) \tag{4.28}$$

式中 : $\hat{c}_N = 1, \hat{c}_0, \hat{c}_1, \cdots, \hat{c}_{N-1}$ 由 4.4.3 节的方法估计得到。

在满足信号与噪声相互独立的假设条件下,该频率驻留时间内信号与噪声功率之和的估计值为

$$\hat{r} = \frac{1}{M t_h} \mathrm{tr}(\boldsymbol{x}_{1:t_h} \boldsymbol{x}_{1:t_h}^{\mathrm{H}}) \tag{4.29}$$

综合式(4.28)和式(4.29)得 N 个信号平均信噪比的估计值为

$$\hat{\delta}^2 = \frac{(\hat{r} - \hat{\sigma}_n^2)/N}{\hat{\sigma}_n^2} = \frac{1}{N} \left\{ \frac{t_h - N}{t_h} \frac{\mathrm{tr}(\boldsymbol{x}_{1:t_h} \boldsymbol{x}_{1:t_h}^{\mathrm{H}})}{\sum_{t=N+1}^{t_h} \| \boldsymbol{x}_t - \hat{\boldsymbol{x}}_t \|_2^2} \left(\sum_{i=0}^{N} |\hat{c}_i|^2 \right) - 1 \right\}$$

$$\tag{4.30}$$

4.4.3　频率估计及 ARMA 模型建立

上一部分所述的跳频信号跳频频率实时估计方法的稳健性依赖对各跳频点的正确检测,而各跳频点的检测需要首先建立起准确的观测数据 ARMA 模型,又由于该 ARMA 模型系数直接决定于各信号的频率,因此这一部分通过恢复各信号波形同时估计多个信号的频率,并在各频率驻留时间内通过数据积累不断提高信号频率的估计精度,以建立更准确的 ARMA 模型。

假设已经依据当前频率驻留时间内的历史观测数据 $\boldsymbol{x}_{1:t_h}$ 得到了 N 个用户的频率-方位积估计值,记为 $\hat{\phi}_n (n=1,2,\cdots,N)$,并设这些频率-方位积估计值对应的阵列响应函数为 $\hat{\boldsymbol{A}}$,由式(4.17)可知当前频率驻留时段内的信号波形可由下式估计得到:

$$\hat{\boldsymbol{s}}_{1:t_h} = (1 + \delta^{-2})^{-1} (\hat{\boldsymbol{A}}^{\mathrm{H}} \hat{\boldsymbol{A}})^{-1} \hat{\boldsymbol{A}}^{\mathrm{H}} \boldsymbol{x}_{1:t_h} \tag{4.31}$$

阵列观测数据表达式(4.1)表明,相邻时刻的信号波形之间满足下式:

$$s_{2:t_h} = s_{1:t_h-1} \times \mathrm{diag}\{[e^{j\omega_1}, e^{j\omega_2}, \cdots, e^{j\omega_K}]\} \tag{4.32}$$

因此各信号的频率可由下式估计得到:

$$\hat{f}_n^{(t_h)} = \frac{1}{2\pi T} \mathrm{Ang}\{[\hat{s}_{1:t_h-1}^{(n)} (\hat{s}_{1:t_h-1}^{(n)})^{\mathrm{H}}]^{-1} \hat{s}_{1:t_h-1}^{(n)} (\hat{s}_{2:t_h}^{(n)})^{\mathrm{H}}\} =$$

$$\frac{1}{2\pi T} \mathrm{Ang}\{\hat{s}_{1:t_h-1}^{(n)} (\hat{s}_{2:t_h}^{(n)})^{\mathrm{H}}\} \tag{4.33}$$

式中:$\hat{s}_t^{(n)}$ 为 t 时刻信号波形恢复结果的第 n 个元素;$\mathrm{Ang}\{\cdot\}$ 表示取幅角。

在每个频率驻留时间内,随着样本数量的积累,各信号频率-方位积的估计精度会有所提高,由式(4.31)、式(4.33)得到的信号频率估计精度也会逐步改善。将这些频率估计值代入式(4.3)就可以计算出系数 $c_0, c_1, \cdots, c_N$,从而建立起时域 ARMA 模型,用于下一时刻的频率跳变检测。

4.4.4　跳频频率关联

由于同步网台的频率同时发生跳变,因此其跳频频率的关联难以借助频率的延续性实现。为了实现同步网台的频率关联,必须借助不同网台的 DOA 信息,即在第一个频率驻留时段结束时由下式估计得到各网台的方位估计值,作为不同信号的标识参数:

$$\hat{\theta}_n = \cos^{-1}[C/(2\pi \hat{f}_n D) \times \hat{\phi}_n] \tag{4.34}$$

在后续各跳时刻之后,若连续三次频率-方位积估计值小于设定的偏差门限(根据实际情况设定),则认为信号的频率-方位积估计值已稳定。此时就可以通过恢复信号波形估计信号频率,并依据式(4.34)计算各频率对应的信号 DOA,与信号的第一个频率驻留时段结束时的角度值进行比较就能够将不同信号的跳频频率关联起来。

对于异步网台,一般每次只有一个信号的频率发生跳变,因此在频率跳变之后的信号频率估计值达到稳定时,就可以通过与前一频率驻留时间内最终的频率估计值进行比较,以确定发生频率跳变的信号,从而将信号与跳频频率对应起来。如果异步网台的跳时刻恰好非常接近,那么就不能利用频率的连续性来关联,而是用到 DOA 信息,具体方法与同步网台频率关联相同。

4.5　跳频信号的提取

在得到各时刻的信号频率-方位积估计值之后,可以利用零陷空域波束形成方法[167]分离感兴趣信号与干扰信号,以便直观地验证本书所提出的实时参数估计方法的有效性。

假设感兴趣信号的频率-方位积为 ϕ_d,干扰信号的频率-方位积集合为 $\boldsymbol{\Phi}_{-d}=[\phi_1,\phi_2,\cdots,\phi_{d-1},\phi_{d+1},\cdots,\phi_N]$,在不对干扰信号附加零点约束的条件下,无畸变接收感兴趣信号的阵列加权系数矢量为

$$w_d=[1,\mathrm{e}^{-\mathrm{j}\phi_d},\cdots,\mathrm{e}^{-\mathrm{j}(M-1)\phi_d}]^{\mathrm{T}}=\boldsymbol{a}_d^* \tag{4.35}$$

附加零点约束后的加权系数矢量可利用 Lagrange 乘子形式,通过优化下面的函数 $G(w)$ 得到:

$$G(w)=(w-w_d)^{\mathrm{H}}(w-w_d)+w^{\mathrm{H}}A(\boldsymbol{\Phi}_{-d})\boldsymbol{\eta}+\boldsymbol{\eta}^{\mathrm{H}}A^{\mathrm{H}}(\boldsymbol{\Phi}_{-d})w \tag{4.36}$$

最小化 $G(w)$ 解得在附加零点约束条件下的最优加权系数矢量为

$$w_{\mathrm{opt}}=[\boldsymbol{I}-A(\boldsymbol{\Phi}_{-d})(A^{\mathrm{H}}(\boldsymbol{\Phi}_{-d})A(\boldsymbol{\Phi}_{-d}))^{-1}A^{\mathrm{H}}(\boldsymbol{\Phi}_{-d})]w_d \tag{4.37}$$

利用该加权系数矢量对阵列接收数据进行空域滤波后,就能够无畸变地接收感兴趣信号,同时有效地抑制其他干扰信号,或者通过选取 $d=1,2,\cdots,N$,实现对混合信号的分离。

4.6　算法流程

本节给出了对异步和同步网台进行实时处理的时序图,其中用线条的粗细来区分两个跳频信号的时频关系,纵虚线表示跳时刻的位置,方向线条表示频率驻留时间段。

4.6.1　异步网台实时处理

对异步网台进行实时处理,过程如图 4.1 所示。

(1)接收到第一组观测样本后依据式(4.10)初始化频率-方位积粒子;

(2)在频率驻留时间阶段 a)内,依照表 4.1 的流程估计频率-方位积粒子;依据式(4.31)和式(4.33)恢复信号波形并估计信号频率,依据式(4.3)建立时域 ARMA 模型,依据式(4.30)估计信噪比,依据式(4.8)检测频率跳变;

(3)检测到频率跳变后,利用阶段 a)最后时刻(N_1)的信号频率和频率-方位积估计值计算信号方位,并依据表 4.2 部分初始化频率-方位积粒子;

(4)频率驻留时间阶段 b)与 a)中处理过程类似,比较跳时刻前后的频率估计值来找出发生频率跳变的信号,实现跳时刻前后频率的关联。如果恰好多个异步网台的频率同时发生跳变,那么此时还需要在跳开始的较短时间内利用稳定后的频率-方位积和频率值解算信号 DOA,借助 DOA 信息实现频

率关联。

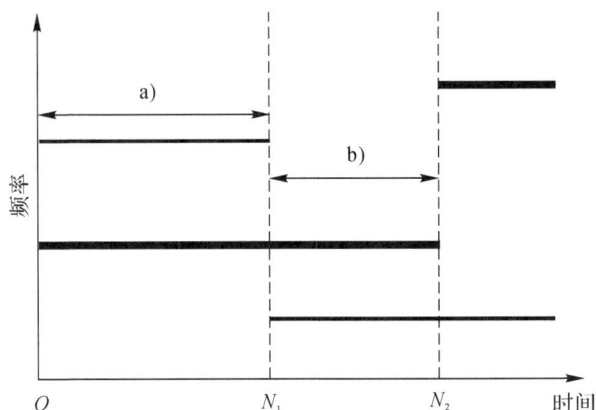

图 4.1　对异步网台进行实时处理的时序图

4.6.2　同步网台实时处理

如图 4.2 所示,对同步网台进行实时处理,具体过程如下:

(1)接收到第一组观测样本后依据式(4.10)初始化频率-方位积粒子;

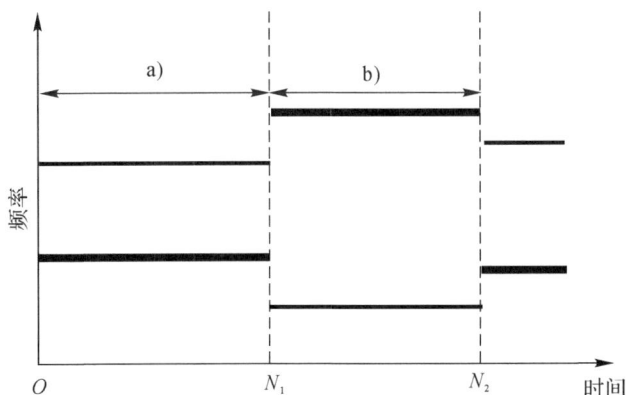

图 4.2　对同步网台进行实时处理的时序图

(2)在频率驻留时间阶段 a),依照表 4.1 更新、估计频率-方位积粒子,依据式(4.31)和式(4.33)恢复信号波形并估计信号频率,依据式(4.3)建立时域 ARMA 模型,依据式(4.30)估计信噪比;

(3)检测到频率跳变后,利用阶段 a)最后时刻(N_1)的信号频率和频率-方

位积估计值计算信号 DOA,并依据表 4.2 完全初始化频率-方位积粒子;

(4)频率驻留时间阶段 b)与 a)中处理过程类似,在跳开始的较短时间内利用稳定后的频率-方位积和频率估计值解算信号 DOA,利用 DOA 实现跳频频率关联。

4.7　仿真实验与分析

本节将通过仿真验证本章算法跳频信号实时处理的有效性及跳时刻检测性能。仿真实验 1 验证对异步网台跳频信号频率和 DOA 实时处理的正确性;仿真实验 2 验证同步网台跳频信号频率和 DOA 实时处理的正确性。仿真实验 3 验证本书方法的跳时刻检测性能,并与文献[163]中基于 ARMA 模型的方法进行比较。

仿真实验 4-1:验证异步网台实时处理的正确性。

假设两个异步跳频信号同时入射到 6 元均匀线阵上,两个信号的入射方向分别为 50°和 80°。跳频信号频率范围为 1 050 MHz 到 1 200 MHz,接收机用 1 000 MHz 本振频率对入射信号下变频之后用 500 MHz 采样率实现中频信号的采集。阵列相邻阵元间距等于频率为 1 250 MHz 信号波长的一半,两个信号的信噪比均为 10 dB,检测频率跳变时取检测门限因子 $\mu=4$。用 100 个粒子借助滤波方法估计信号频率-方位积,并选取频率-方位积扰动参数 $\sigma_\phi=0.05\pi$。为了分析方便,本章仿真中用采样点来表示数据的采集时间,因此跳时刻也可称为跳变点。设定观测时间内第一个信号的跳频集为 $\{140,20,120\}$ MHz,持续时间分别为 32、64、64 个样点,第二个信号的跳频集为 $\{120,180,60\}$ MHz,持续时间分别为 64、64、32 个样点。

利用本书方法对两个信号进行实时处理,分别在第 33、65、97、129 个采样点处检测到频率跳变。

对这两个信号进行频率估计,并借助每个频率跳变点处未发生频率跳变信号频率的连续性,得到实时的跳频频率估计结果如图 4.3 所示,其中不同标记的虚线用于区分不同信号的跳频图案,实线为相应的真实跳频图案,图 4.4 为两个信号的频率估计误差。需要说明的是,在该仿真中本书方法对信号频率的估计需要利用从至少 2 组观测数据中恢复的信号波形,因而无法在检测到频率跳变的同时得到相应的信号频率值,因此图 4.3 中第 33、65、97、129 个采样点处的频率估计结果只是上一时刻频率估计值的延续,是为了增强参数估计结果的可视性添加的,图 4.4 中不包含这些点处的频率估计误差。

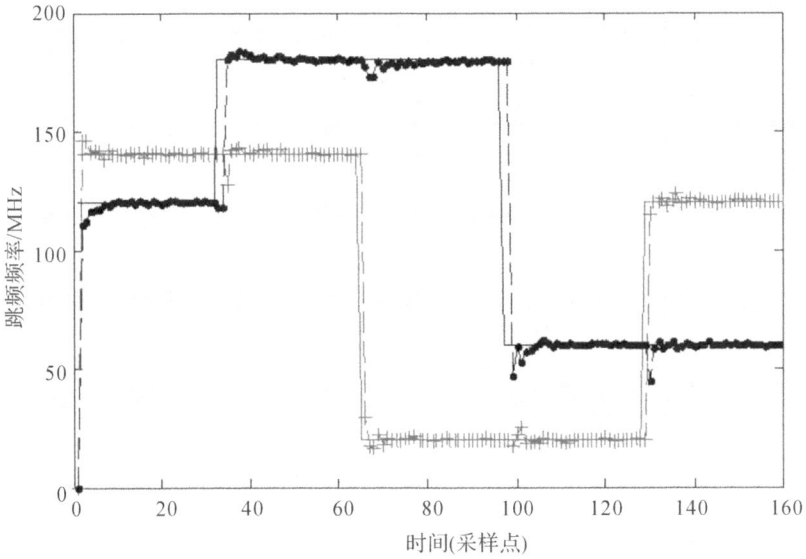

图 4.3　跳频频率实时估计结果

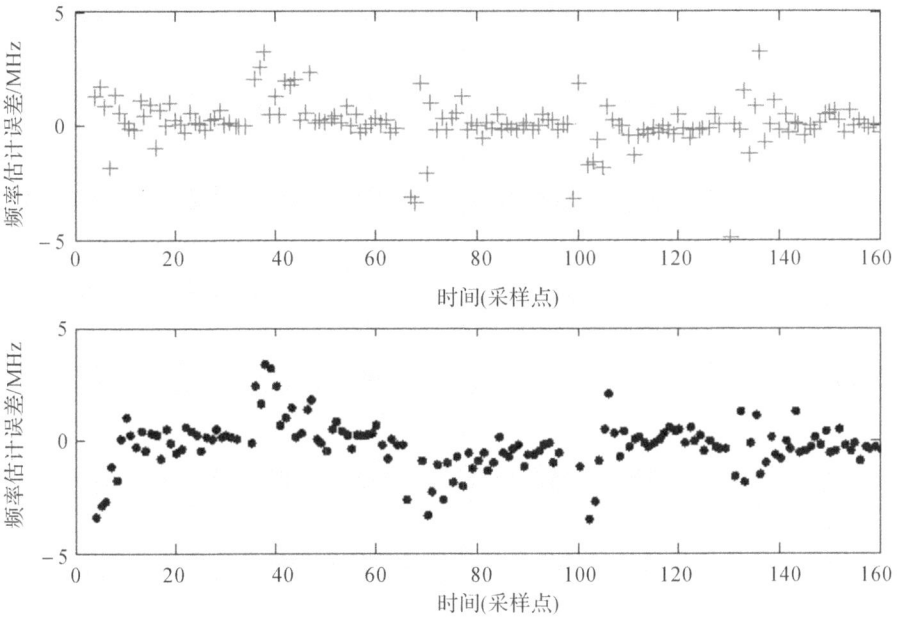

图 4.4　跳频频率实时估计误差

上述仿真结果表明本书方法能够实时检测多个异步跳频信号的频率跳变,并估计各跳频信号的频率,且随着各频率驻留时段内数据的积累,信号频率估计精度逐步提高。借助不同信号跳时刻的异步性,可以实现各跳时刻前后频率的关联。

依据各信号频率-方位积和频率的估计结果,还能进一步估计各信号的入射方向,图 4.5 给出了各采样点实时估计 DOA 的误差,第 33、65、97、129 个采样点是频率跳变时刻,无法得到这些点的 DOA 估计结果,因此图中不包含这些点的估计误差。表 4.3 给出了各频率驻留时段结束时对两个信号入射方向的估计结果。从图 4.5 中可以看出,本书方法可以较为精确地估计跳频信号的 DOA,算法稳定后 DOA 估计误差在 1°以内。

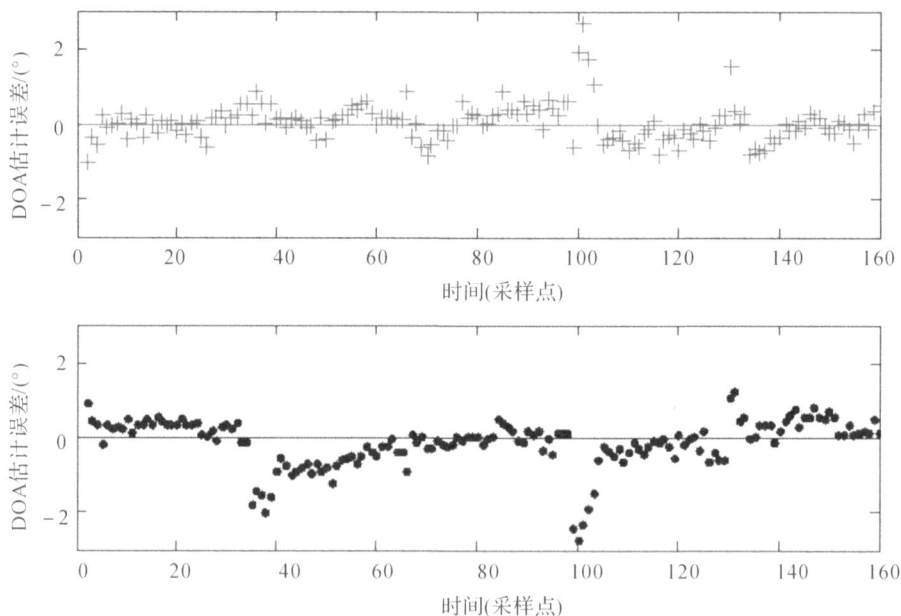

图 4.5 异步跳频信号实时 DOA 估计误差

表 4.3 异步网台跳频信号 DOA 估计结果

采样点序号	32	64	96	128	160
DOA/(°)	[50.24 80.41]	[50.11 79.63]	[50.23 80.15]	[50.25 79.41]	[50.51 80.14]

图 4.6 给出了利用实时的信号频率-方位积估计值,并结合空域滤波方法分离上述两个异步跳频信号的分离结果,其中子图 4.6(a)为接收阵列第一个阵元输出的混合信号波形,当分别把 50°和 80°入射信号当作感兴趣信号进行分离时,得到分离的信号波形如图 4.6(b)(c)所示。这一组实时信号分离仿真结果直观地验证了上述参数估计方法的优越性能。

仿真实验 4-2:验证同步网台实时处理的正确性。

针对同步跳频信号,设定两个信号的跳频集与上一实验中异步信号相同,但两个信号频率驻留均为 48 个样点。

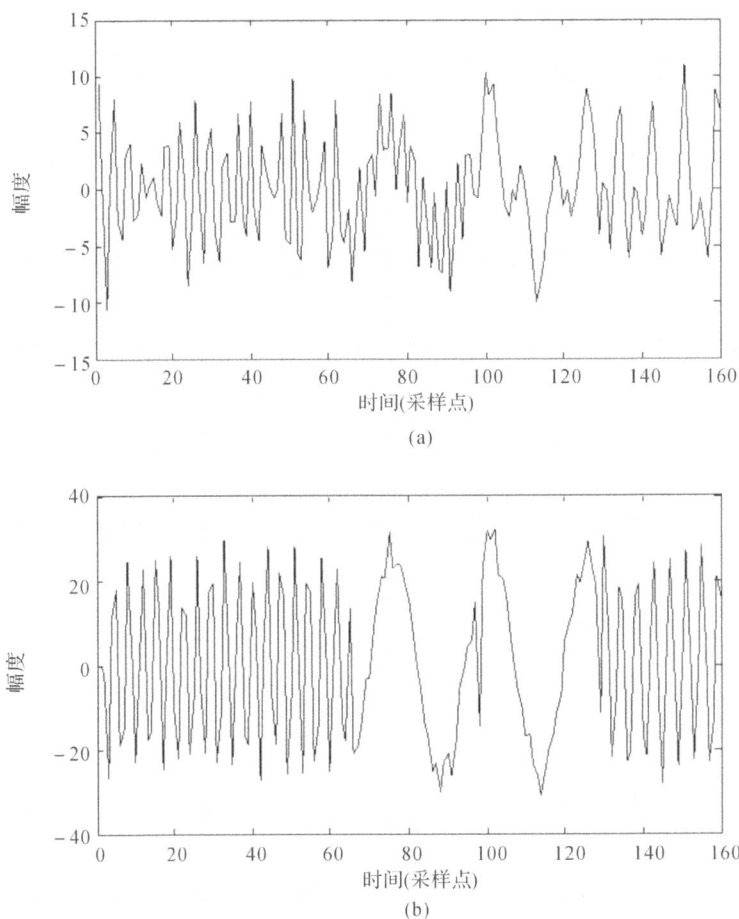

(a)

(b)

图 4.6　异步跳频信号的分离效果

(a)混合信号波形;　(b)分离后信号 1 波形

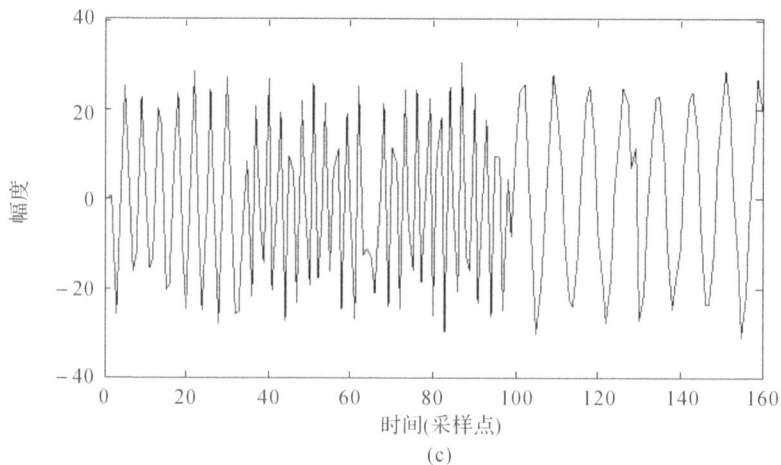

续图 4.6　异步跳频信号的分离效果

(c)分离后信号 2 波形

利用本书方法对两个信号进行实时处理,在第 49、97 个采样点处分别检测到频率跳变。对这两个信号进行频率估计,并借助信号方位信息进行跳频频率关联,得到实时的跳频频率实时估计结果如图 4.7 所示,跳频频率实时估计误差如图 4.8 所示,图 4.8 中剔除了频率跳变点处的频率估计误差。

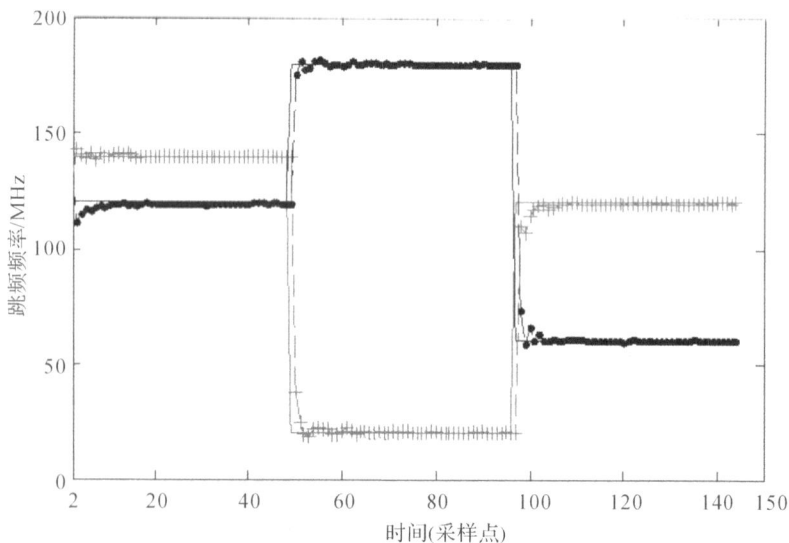

图 4.7　跳频频率实时估计结果

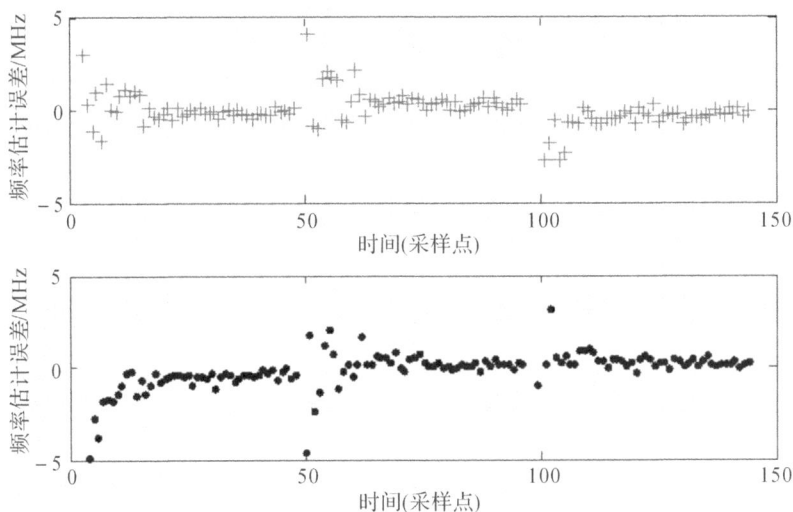

图 4.8　跳频频率实时估计误差

上述仿真结果表明新方法能够实时检测多个同步跳频信号的频率跳变,并有效地估计各跳信号的频率,且随着各频率驻留时段内数据的积累,信号频率估计精度逐步提高。另外,借助不同信号的方位信息,实现了各跳频点前后频率的关联。

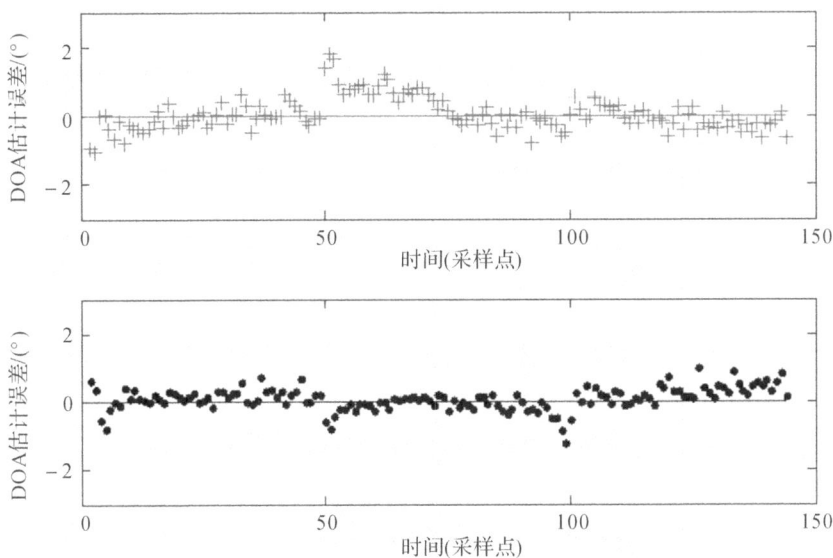

图 4.9　同步跳频信号实时 DOA 误差

依据各信号频率-方位积和频率的估计结果,还能进一步估计各信号的入射方向,图4.9给出了各采样点实时估计DOA的误差,不包含第49、97、145个采样点(频率跳变点)的估计误差。表4.4给出了同步网台跳频信号DOA估计结果。

表4.4 同步网台跳频信号DOA估计结果

参数	采样点序号		
	48	96	144
DOA/(°)	[50.29 79.88]	[49.78 80.23]	[49.57 79.83]

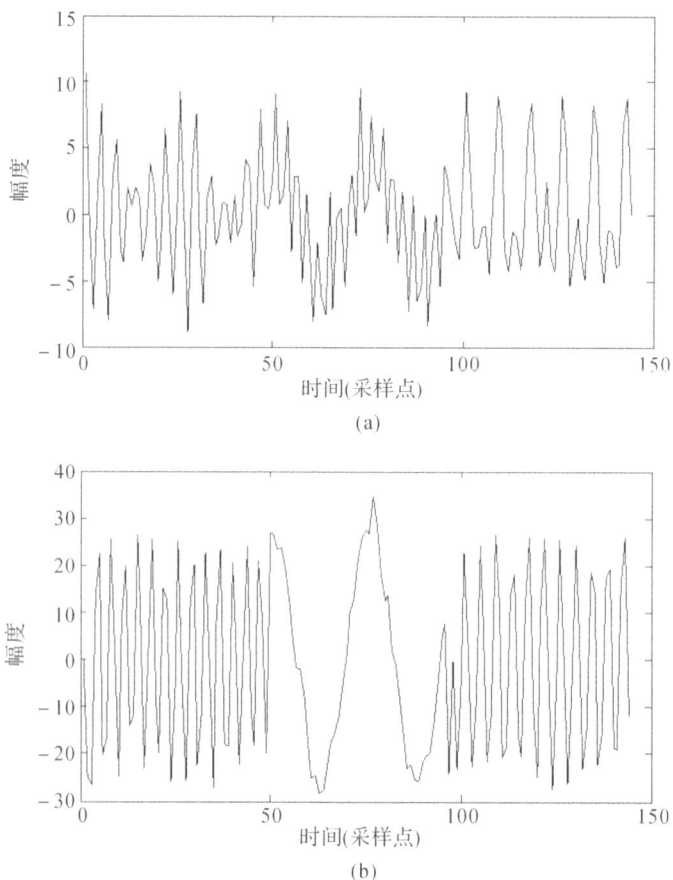

(a)

(b)

图4.10 同步跳频信号的分离效果

(a)混合信号波形; (b)分离后信号1波形

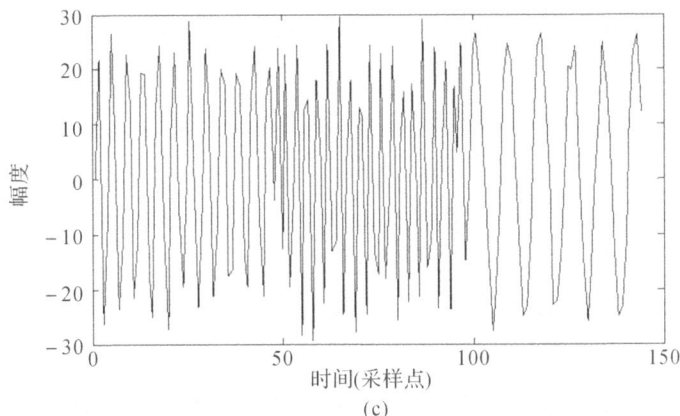

续图 4.10 同步跳频信号的分离效果

(c)分离后信号 2 波形

图 4.10 给出了利用实时的信号频率-方位积估计值,并结合空域滤波方法分离上述两个同步跳频信号的结果,其中图 4.10(a)为接收阵列第一个阵元输出的混合信号波形。分别把 $50°$ 和 $80°$ 入射信号当作感兴趣信号进行分离,得到分离的信号波形如图 4.10(b)(c)所示。这一组实时信号分离仿真结果直观地验证了上述参数估计方法的有效性。

仿真实验 4-3:验证跳时刻检测性能。

本仿真实验选用跳时刻的正确估计概率来评价算法对跳时刻的检测性能。实验参数设置与实验 4-1 大部分相同,不同的地方是总观测样点数为 32 个,第一个跳频网台在第 17 个采样点发生频率跳变,频率在 2 MHz 到 20 MHz 内随机选取,频率间隔为 2 MHz,另一个跳频信号频率在观测时间内恒定。若算法估计跳时刻的位置只有一个,且位置为第 17 或第 18 个采样点,则认为跳时刻估计正确,每组参数进行 200 次独立实验。图 4.11 给出了不同信噪比下本书方法与文献[163]中 ARMA 模型方法的跳时刻正确检测概率。

从图 4.11 中可以看出,本书方法的跳时刻检测性能要优于 ARMA 模型方法。虽然两种方法的跳时刻检测原理相同,但检测模型的构造方法不同。文献[163]中利用 ARMA 模型本身的结构特性来建立模型,没有充分利用信号的方位信息。而本书方法首先利用估计的阵列流型矩阵恢复时域跳频信号来估计频率,然后用频率估计值来建立 ARMA 模型,建立的模型更为准确,提高了跳时刻检测性能。

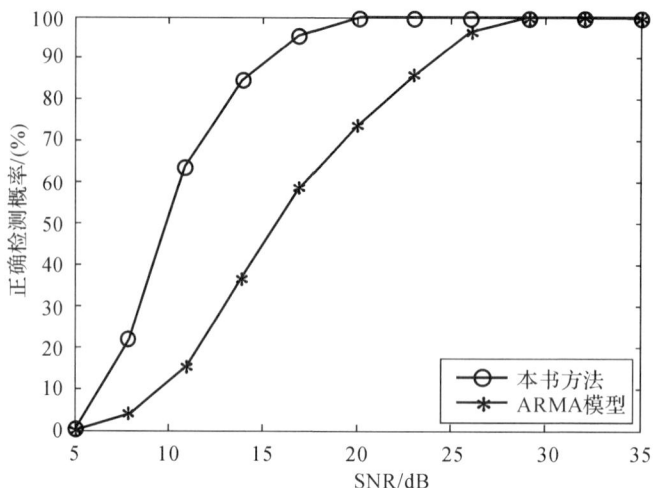

图 4.11 本书方法与 ARMA 模型方法的跳时刻估计性能比较

4.8 本 章 小 结

本章针对跳频信号实时处理问题,基于阵列接收提出了一种同时适用于异步和同步跳频网台信号跳时、跳频频率的实时估计方法,并实现了异步/同步网台的频率关联,最后用参数估计结果和空域滤波得到的信号分离效果直观地验证该方法的优良性能。仿真结果表明,本书方法能够成功完成对多个跳频信号频率和角度信息的实时处理。

本章的主要成果及创新性工作有:提出了基于粒子滤波与 ARMA 模型相结合的多通道跳频信号实时处理方法。该方法利用粒子滤波来估计跳频信号的频率-方位积,用 ARMA 模型来检测跳时刻。该方法能够实时检测跳时刻,并在较短的时间内完成跳频信号频率和 DOA 的重新估计,并利用频率和 DOA 信息实现异步和同步网台信号的频率关联。

第 5 章　基于欠定盲分离的跳频网台分选

5.1　引　　言

　　跳频网台分选是指从多个跳频网台的混合信号中分离出全部或特定网台对应的各跳信号,是跳频信号侦察处理领域的难题,其核心问题是跳频信号的分离。在实际应用中,如果不能从频域交叠的多网台混合信号中将各个跳频网台信号分选出来,就很难将跳周期、跳时刻、跳频频率集等参数转化为对应的通信情报,更不能进行通信信息的获取。因此,研究跳频网台分选方法具有重要的意义。

　　第 4 章提出的跳频信号实时处理方法虽然可以实现跳频网台分选,但主要用于解决跳频网台的实时处理问题,要求阵元数较多,信噪比较大。针对网台分选问题,现有的方法可分为三类:

　　(1)基于到达时间的分选方法[94-96],即根据各跳信号的跳时刻和跳周期进行分选。该方法通常应用于单通道接收系统,系统结构简单,但分选效果依赖跳时刻估计精度,且仅适用于异步网台。

　　(2)基于信号特征差异性的分选方法[97-100],可利用的特征包括幅度、频率、DOA、组网信息等。在多个特征参数估计正确的情况下,该方法可以实现跳频网台分选,但有效特征参数的获取比较困难,如 DOA 估计本身是阵列信号处理的难题,另外跳频信号的 DOA 估计还要考虑频率跳变的影响,而组网信息参数要在完成跳频信号检测、参数估计、解跳、解密等一系列处理后才能得到。

　　(3)基于盲分离的分选方法[14-15],即用盲分离的方法实现跳频网台分选。该方法不需要事先已知阵列结构,且阵列误差对算法影响较小,给跳频网台分选问题提供了新的解决思路。文献[14]和[15]中提出了基于独立分量分析的跳频网台盲分选方法,但要求阵列超定接收,即接收阵元个数要大于网台个数。在实际应用中,由于潜在的网台数未知,而且天线阵元数有限,往往导致实际接收到的混合信号中网台数大于阵元数。例如在星载或机载侦察设备的应用中,由于地面战术跳频电台的大量使用,很可能同时接收到多个网台的跳频混合信号,但受天线体积和设备成本的限制,阵元数不可能足够多。因此,有必要研究基于欠定盲分离的跳频网台分选方法,以利用有限的接收阵元分选尽可能多的跳频网台。

目前,稀疏分量分析是解决欠定盲分离问题的主要方法[102]。稀疏分量分析方法利用信号在某个变换域内的稀疏性实现混合矩阵估计和信号分离。利用稀疏分量分析解决欠定盲分离问题大都采用"两步法",即首先估计出混合矩阵 A,然后在混合矩阵已知的情况下利用信号的稀疏性恢复源信号。在估计混合矩阵时,通常采用张量分解方法[127-129]或稀疏聚类方法[53-54]。通过对高阶张量进行奇异值分解完成混合矩阵估计,该方法对信号稀疏性没有限制,但算法的计算量较大,且估计精度受信号点数影响较大。稀疏聚类方法一般假设每个信号都存在单源领域,通过检测单源邻域并对单源邻域内对应的混合矢量进行聚类完成混合矩阵估计。为了进一步放宽稀疏性限制,文献[54]提出了一种基于时频单源点聚类的混合矩阵估计方法,该方法不需要时频域划分,只需要对时频单源点处的向量进行聚类就可以得出混合矩阵,但该方法针对实信号提出,不适用于通信信号的盲分离模型。关于欠定源信号分离问题,通常采用二元掩蔽法[148-150],该方法在信号的稀疏变换域上把欠定问题转化为局部适定或超定问题实现信号分离,要求变换域中各点上同时存在的信号个数小于阵元数。

为了进一步提高"两步法"的性能,本书以文献[54]中基于时频单源点聚类的混合矩阵估计算法和文献[148]中的子空间投影算法为基础并进行改进,提出了一种基于欠定盲分离的跳频网台分选方法。在估计混合矩阵时,改进了时频单源点聚类方法并给出了各跳频信号相对功率的估计方法。该方法不需要进行时频单源点检测,提高了混合矩阵估计的成功率和精度。在混合矩阵已知的情况下,将各网台信号相对功率与子空间投影方法相结合完成跳频网台分选。该方法放宽了子空间投影方法对源信号的稀疏性要求,允许在任意时频点上同时存在的跳频信号数等于阵元数。

本章的内容安排如下:5.2节简要描述基于欠定盲分离的网台分选模型及算法要求的假设条件;5.3节提出基于时频单源点检测的混合矩阵估计及信号相对幅度功率估计方法;5.4节提出基于改进子空间投影算法的欠定网台分选算法;5.5节分析并比较算法的计算量;5.6节通过仿真实验验证本章

方法的有效性;5.7 节为本章小结。

5.2　基于欠定盲分离的网台分选模型及假设条件

假设用 M 个独立通道接收 N 个远场跳频信号 $s(t) = [s_1(t), s_2(t), \cdots, s_N(t)]^{\mathrm{T}}$,由于每个信号的入射方向不同、传输路径不同,信号到达各个通道的响应不同,混合信号模型可以表示为

$$\boldsymbol{x}(t) = \boldsymbol{A}\boldsymbol{s}(t) + \boldsymbol{v}(t) = \sum_{n=1}^{N} \boldsymbol{a}_n s_n(t) + \boldsymbol{v}(t) \tag{5.1}$$

式中:观测信号向量 $\boldsymbol{x}(t) = [x_1(t), x_2(t), \cdots, x_M(t)]^{\mathrm{T}}$;混合矩阵 $\boldsymbol{A} = [\boldsymbol{a}_1, \boldsymbol{a}_2, \cdots, \boldsymbol{a}_N] \in \mathbb{C}^{M \times N}$ 的第 (m, n) 个元素为 $a_{mn} = b_{mn} \mathrm{e}^{-\mathrm{j}2\pi f_n \tau_{mn}}$,$b_{mn}$、$\tau_{mn}$ 分别为信号 $s_n(t)$ 到达第 m 个阵元的幅度衰减和时间延迟;$\boldsymbol{v}(t)$ 表示 M 个阵元的输出噪声,假设各阵元噪声服从零均值,方差为 δ^2 的复高斯分布,且相互独立。当 $M < N$ 时,式(5.1)即为基于欠定盲分离的跳频网台分选在时域的模型。在本书的网台分选问题中,源信号代表的就是各网台跳频信号。

考虑到跳频信号在时频域上是稀疏的,本章选择时频域作为跳频信号的稀疏表示域。由于非线性时频变换包含交叉项且计算量较大,所以本书选择 STFT 对混合信号进行时频表示。依据式(2.9)分别对接收信号 $x_m(t)(1 \leqslant m \leqslant M)$ 和源信号 $s_n(t)(1 \leqslant n \leqslant N)$ 进行 STFT,可得

$$\left.\begin{array}{l} X_m(t, f) = \displaystyle\int_{-\infty}^{+\infty} x_m(\tau) h^*(\tau - t) \mathrm{e}^{-\mathrm{j}2\pi f\tau} \mathrm{d}\tau \\ S_n(t, f) = \displaystyle\int_{-\infty}^{+\infty} s_n(\tau) h^*(\tau - t) \mathrm{e}^{-\mathrm{j}2\pi f\tau} \mathrm{d}\tau \end{array}\right\} \tag{5.2}$$

进一步对式(5.1)左右两边的数据分别进行 STFT,可得基于欠定盲分离的跳频网台分选在时频域的模型:

$$\boldsymbol{X}(t, f) = \boldsymbol{A}\boldsymbol{S}(t, f) + \boldsymbol{V}(t, f) \tag{5.3}$$

式中:$\boldsymbol{X}(t, f) = [X_1(t, f), X_2(t, f), \cdots, X_M(t, f)]^{\mathrm{T}}$,$\boldsymbol{S}(t, f) = [S_1(t, f), S_2(t, f), \cdots, S_N(t, f)]^{\mathrm{T}}$ 和 $\boldsymbol{V}(t, f)$ 分别表示混合信号、各网台跳频信号和噪声的 STFT 结果。

首先给出如下定义:

定义 5.1(时频点):是时频域由时间和频率唯一确定某个特定的位置,记为 (t, f)。

定义 5.2(时频支撑点):(t, f) 是时频域内的一个时频点,若满足

$\parallel \boldsymbol{X}(t,f) \parallel_2^2 > 0$,则 (t,f) 是 $\boldsymbol{X}(t,f)$ 的时频支撑点。

$\boldsymbol{X}(t,f)$ 全部时频支撑点的集合称为 $\boldsymbol{X}(t,f)$ 的时频支撑域,记为 $\Omega_x = \bigcup\limits_{n=1}^{N} \Omega_n$,$\Omega_n$ 表示源信号 $s_n(t)$ 对应的时频支撑域。

定义 5.3(时频单源点):对于时频域混合信号 $\boldsymbol{X}(t,f)$,$\forall (t,f) \in \Omega_x$,若满足 $|S_n(t,f)| \gg |S_i(t,f)| \; \forall n \neq i$,则认为在时频点 (t,f) 上只存在源信号 $s_n(t)$,称 (t,f) 是信号 $s_n(t)$ 的时频单源点。

为了完成跳频网台的分选,假设混合矩阵 $\boldsymbol{A}$ 和源信号 $s(t)$ 满足以下三个假设条件:

假设 1:混合矩阵 $\boldsymbol{A} \in \mathbb{C}^{M \times N}$ 的任意 $M \times M$ 维子矩阵是非奇异的。

假设 2:任意跳频网台信号都存在多个离散的时频单源点。

在实际应用中,不同跳频网台发生频率碰撞的概率较小,因此在本书的跳频网台分选问题中该假设是合理的。

假设 3:在任意时频点上同时存在的信号数 m 不大于阵元数 M。

5.3 混合矩阵及信号相对功率估计

本节首先介绍混合信号时频支撑点的选取方法,然后从理论上推导基于时频比矩阵聚类的混合矩阵估计方法的正确性,最后利用混合矢量预处理方法和 k-均值聚类法对时频直接对支撑域对应的特征向量进行聚类分析,从而完成混合矩阵的估计。

5.3.1 时频支撑点的选取

为了剔除噪声对应的时频点、有效提取信号对应的混合矢量并减小聚类过程的计算量,需要从全部时频点中提取混合信号的时频支撑点。

根据定义 5.2,假设时频点 $P_l = (t_l, f_l)$ 是时频支撑点,则满足 $\parallel \boldsymbol{X}(P_l) \parallel_2^2 > 0$。考虑到噪声的影响,可以通过下式来提取时频支撑点:

$$\parallel \boldsymbol{X}(P_l) \parallel_2^2 > \varepsilon_a \tag{5.4}$$

式中:ε_a 是与噪声相关的门限值。不妨设满足式(5.4)的时频点数为 L,即混合信号的时频支撑点集合为 $\Omega = \bigcup\limits_{l=1}^{L} P_l$。

5.3.2 混合矢量预处理及混合矩阵估计方法

根据 5.2 节的假设 2,文献[54]中提出了基于时频单源点聚类的混合矩阵估计方法,可以用于求解式(5.3)中的混合矩阵 $\boldsymbol{A}$。根据假设 2,不妨设源

信号 $s_n(t)$ 的时频单源点集合为 $\boldsymbol{\Lambda}_n = \bigcup\limits_{i=1}^{L_n} (t_{n_i}, f_{n_i}) \subset \boldsymbol{\Omega}_n$，$L_n$ 表示源信号 $s_n(t)$ 的时频单源点个数。则 $\forall (t_{n_i}, f_{n_i}) \in \boldsymbol{\Lambda}_n, \boldsymbol{X}(t, f)$ 可以表示为

$$\boldsymbol{X}(t, f) = \boldsymbol{a}_n S_n(t, f) + \boldsymbol{V}(t, f) \qquad (5.5)$$

不考虑噪声的影响，选择任意 $m \in \{1, 2, \cdots, M\}$，计算各通道观测数据与第 m 个通道观测数据的比值，得到的时频比矩阵可表示为

$$\boldsymbol{W}(\boldsymbol{\Omega}_n) = \begin{bmatrix} \dfrac{X_1(P_{n(1)})}{X_m(P_{n(1)})} & \cdots & \dfrac{X_1(P_{n(L_n)})}{X_m(P_{n(L_n)})} \\ \vdots & & \vdots \\ \dfrac{X_M(P_{n(1)})}{X_m(P_{n(1)})} & \cdots & \dfrac{X_M(P_{n(L_n)})}{X_m(P_{n(L_n)})} \end{bmatrix} = \begin{bmatrix} \dfrac{a_{1n}}{a_{mn}} & \cdots & \dfrac{a_{1n}}{a_{mn}} \\ \vdots & & \vdots \\ 1 & \cdots & 1 \\ \vdots & & \vdots \\ \dfrac{a_{Mn}}{a_{mn}} & \cdots & \dfrac{a_{Mn}}{a_{mn}} \end{bmatrix} \qquad (5.6)$$

式 (5.6) 表明，理论上源信号 $s_n(t)$ 的时频单源点对应的时频比矩阵各列相同。因此，只要找到 $s_n(t)$ 的时频单源点集合 $\boldsymbol{\Lambda}_n$，就可以通过求时频比矩阵各列的均值完成对应混合矢量的估计：

$$\hat{\boldsymbol{a}}_n = \left[\frac{1}{L_n} \sum_{i=1}^{L_n} \frac{X_1(t_{n_i}, f_{n_i})}{X_m(t_{n_i}, f_{n_i})}, \cdots, \frac{1}{L_n} \sum_{i=1}^{L_n} \frac{X_M(t_{n_i}, f_{n_i})}{X_m(t_{n_i}, f_{n_i})} \right]^{\mathrm{T}} \qquad (5.7)$$

该估计值和真实值 $\boldsymbol{a}_n$ 仅相差一个复系数。由于盲分离问题存在的幅度模糊性，所以这并不影响混合矩阵估计结果的正确性。

通过以上分析可知，只要得到了 $\boldsymbol{W}(\boldsymbol{\Omega}_n)$ 就可以得到第 n 个混合矢量的估计值。时频比矩阵 $\boldsymbol{W}(\boldsymbol{\Omega}_n)$ 是下面矩阵的子矩阵：

$$\boldsymbol{W}(\boldsymbol{\Omega}) = \begin{bmatrix} \dfrac{X_1(P_1)}{X_m(P_1)} & \cdots & \dfrac{X_1(P_L)}{X_m(P_L)} \\ \vdots & & \vdots \\ \dfrac{X_M(P_1)}{X_m(P_1)} & \cdots & \dfrac{X_M(P_L)}{X_m(P_L)} \end{bmatrix} \qquad (5.8)$$

$\boldsymbol{W}(\boldsymbol{\Omega})$ 中包含所有源信号的时频单源点及其混合的时频点。考虑噪声的影响，混合信号在时频单源点处的时频比不会是一个常数，但具有明显的聚类特性。本章用欧式距离来描述两个向量的相似程度，向量 $\boldsymbol{d}_i$ 与 $\boldsymbol{d}_j$ 的欧氏距离定义为

$$d_{ij} = \| \boldsymbol{d}_i - \boldsymbol{d}_j \|_2^2 \qquad (5.9)$$

因此混合矩阵估计等价于从矩阵 $\boldsymbol{W}(\boldsymbol{\Omega})$ 中聚类得出 N 个子矩阵，使得每个子矩阵内部各列具有较小的欧式距离。如果直接采用 k-均值方法对矩阵 $\boldsymbol{W}(\boldsymbol{\Omega})$ 进行聚类，那么将得不到正确的结果，因为噪声引起的时频支撑点或包

含多信号的时频支撑点等非时频单源点对应的混合矢量会参与聚类过程,影响聚类的中心位置。为了获得正确的聚类结果,应首先将非时频单源点对应的混合矢量剔除。基于以上分析,本节提出了一种基于混合矢量预处理和 k-均值聚类的混合矩阵估计方法。首先设定各子矩阵内部允许最大的欧式距离 ε_d,根据门限 ε_d 分别判断与每个矢量属于同一类的矢量个数,若该个数小于门限 ε_n,则将该矢量去除,然后用标准的 k-均值方法对去野值之后的矢量进行聚类得到混合矩阵。混合矩阵估计算法过程具体描述如下:

(1)选择合适的窗函数进行 STFT 分析,得到混合信号的时频表示;

(2)设定幅度门限 ε_a,根据式(5.4)获得全部时频支撑点;

(3)根据式(5.8)计算混合信号时频支撑域的时频比矩阵。不失一般性地,令 $m=1$,时频比矩阵为

$$W = \begin{bmatrix} 1 & 1 & \cdots & 1 \\ \dfrac{X_2(t_1,f_1)}{X_1(t_1,f_1)} & \dfrac{X_2(t_2,f_2)}{X_1(t_2,f_2)} & \cdots & \dfrac{X_2(t_L,f_L)}{X_1(t_L,f_L)} \\ \vdots & \vdots & & \vdots \\ \dfrac{X_M(t_1,f_1)}{X_1(t_1,f_1)} & \dfrac{X_M(t_2,f_2)}{X_1(t_2,f_2)} & \cdots & \dfrac{X_M(t_L,f_L)}{X_1(t_L,f_L)} \end{bmatrix} \quad (5.10)$$

(4)计算时频比矩阵 W 中任意两列之间的欧式距离。定义矢量 R,其第 l 个元素表示满足下列条件的列矢量个数:

$$\|W(i)-W(l)\|_2 < \varepsilon_d, \quad i=1,2,\cdots,L, i \neq l \quad (5.11)$$

式中:$W(i)$ 表示矩阵 W 的第 i 列。对应于 R_l 的时频支撑点集表示为 Ω'_l,即若第 i 列对应的时频支撑点 $P_i \in \Omega'_l$,则 $W(i)$ 满足式(5.11);

(5)设置判定野值个数门限 ε_n,找出 R 全部小于 ε_n 的元素,并找出对应的时频支撑点集 Ω',将 Ω' 对应的列从时频比矩阵 W 中剔除,修正后的时频比矩阵记为 $\widetilde{W}$;

(6)采用 k-均值聚类方法对 W 的列向量进行聚类,对应的时频点集合分别为 $\Lambda^{(1)},\Lambda^{(2)},\cdots,\Lambda^{(N)}$(假设网台个数可由 2.4.4 节的方法得到);

(7)$\Lambda^{(n)}$ 中包含的向量个数为 $L_n, n \in [1,N]$,对应第 n 个跳频网台信号的时频单源点集合,对应的时频比矩阵可以表示为

$$W_n = \begin{bmatrix} 1 & 1 & \cdots & 1 \\ \dfrac{X_2(t_{n,1},f_{n,1})}{X_1(t_{n,1},f_{n,1})} & \dfrac{X_2(t_{n,2},f_{n,2})}{X_1(t_{n,2},f_{n,2})} & \cdots & \dfrac{X_2(t_{n,L_n},f_{n,L_n})}{X_1(t_{n,L_n},f_{n,L_n})} \\ \vdots & \vdots & & \vdots \\ \dfrac{X_M(t_{n,1},f_{n,1})}{X_1(t_{n,1},f_{n,1})} & \dfrac{X_M(t_{n,2},f_{n,2})}{X_1(t_{n,2},f_{n,2})} & \cdots & \dfrac{X_M(t_{n,L_n},f_{n,L_n})}{X_1(t_{n,L_n},f_{n,L_n})} \end{bmatrix}$$

$$(t_{n,j}, f_{n,j}) \in \boldsymbol{\Lambda}^{(n)}, \quad j = 1, 2, \cdots, L_n \tag{5.12}$$

利用式(5.7)就可以得到对应的混合矢量的估计,即

$$\hat{\boldsymbol{a}}_n = \frac{1}{L_n} \sum_{t=1}^{L_n} \boldsymbol{W}_n(t) \tag{5.13}$$

5.3.3　跳频网台信号相对功率估计

本章提出的跳频网台分选方法能够放宽混合信号在时频域上的稀疏性限制,但需要利用不同跳频网台信号的功率。由于盲分离问题固有的幅度模糊,无法准确估计源信号的真实功率,只能选择在某个统一的条件下估计各跳频网台信号的相对功率。本章中的相对功率是指在混合矢量确定后,各源信号时频单源点矢量范数的均值与其混合矢量范数的比值,跳频信号 s_n 的相对功率表示为

$$\hat{E}_n = \sum_{j=1}^{L_n} \parallel \boldsymbol{X}(t_{n,j}, f_{n,j}) \parallel_2 / (L_n \parallel \hat{\boldsymbol{a}}_n \parallel_2), \quad (t_{n,j}, f_{n,j}) \in \boldsymbol{\Lambda}^{(n)} \tag{5.14}$$

式中: L_n 表示跳频信号 s_n 对应时频单源点集合 $\boldsymbol{\Lambda}^{(n)}$ 包含的向量个数。

5.4　欠定网台分选

5.3节已经估计出混合矩阵 $\boldsymbol{A}$,本节将在混合矩阵已知的情况下进行跳频网台分选。尽管混合矩阵已知,但仍不能用解方程组的方法求解式(5.3)组成的方程,因为该方程是欠定方程。对该欠定方程的求解,可利用跳频信号在时频域的稀疏性和二元掩蔽法的思想把欠定问题转化为局部适定或超定问题,进而求解实现信号分离。二元掩蔽法中存在的两个主要方法是:矩阵对角化算法和子空间投影算法。矩阵对角化方法要求划分时频邻域,且时频邻域内包含的各信号不相关。但当不同跳频网台信号频率冲突时,信号是相关的,因此在求解本章跳频网台分选问题时矩阵对角化算法效果较差。而子空间投影方法以时频支撑点为处理单元,不需要划分时频邻域,且性能不受信号相关性的影响,因此本章选择子空间投影算法进行深入研究。

现有的子空间投影算法假设在任意时频点上同时存在的源信号数 m 小于阵元数 M,即 $m < M$。假设在给定的时频点 (t, f) 上源信号对应的混合矢量为 $\{\boldsymbol{a}_{k_1}, \boldsymbol{a}_{k_2}, \cdots, \boldsymbol{a}_{k_m}\}$,其中,$\{k_1, k_2, \cdots, k_m\} \subset \{1, 2, \cdots, N\}$,则式(5.3)可以转化为

$$\boldsymbol{X}(t, f) = \boldsymbol{A}_m \boldsymbol{S}_m(t, f) + \boldsymbol{V}(t, f) \tag{5.15}$$

其中，$\boldsymbol{A}_m = [\boldsymbol{a}_{k_1}, \boldsymbol{a}_{k_2}, \cdots, \boldsymbol{a}_{k_m}]$，$\boldsymbol{S}_m(t,f) = [S_{k_1}(t,f), S_{k_2}(t,f), \cdots, S_{k_m}(t,f)]^{\mathrm{T}}$。这样就可以利用单个时频点上的超定特性，将整体的欠定问题转化为单个时频点上的超定问题，于是在该时频点上的各网台信号就可以通过最小二乘的方法求解。因此，网台分选的任务变成了从观测信号 $\boldsymbol{X}(t,f)$ 中估计出不为零的源信号对应的混合矩阵 $\boldsymbol{A}_m$，然后用超定的求解方法估计出各网台信号 $\boldsymbol{S}(t,f)$。为了进一步放宽子空间投影算法的稀疏性限制，本节充分利用了源信号的相对功率信息，使改进方法允许在任意时频点上同时存在的源信号数等于阵元数 M。

5.4.1 现有子空间投影算法

下面对文献[148]中提出的基于子空间投影的源信号分离方法进行简要介绍。

首先假定任意时频点上同时存在的源信号数为 R，一般令 $R=M-1$。假设给定时频点 (t,f) 上 R 个不为零的源信号对应的混合矩阵列矢量为 $\boldsymbol{A}_R = [\boldsymbol{a}_{n_1}, \boldsymbol{a}_{n_2}, \cdots, \boldsymbol{a}_{n_R}]$，则该时频点的数据混合模型可表示为：

$$\boldsymbol{X}(t,f) = \boldsymbol{A}_R \boldsymbol{S}_R(t,f) + \boldsymbol{V}(t,f) \tag{5.16}$$

式中：$\boldsymbol{S}_R(t,f) = [S_{n_1}(t,f), S_{n_2}(t,f), \cdots, S_{n_R}(t,f)]^{\mathrm{T}}$。矩阵 $\boldsymbol{A}_R$ 的正交投影矩阵 $\boldsymbol{Q}$ 为

$$\boldsymbol{Q} = \boldsymbol{I} - \boldsymbol{A}_R (\boldsymbol{A}_R^{\mathrm{H}} \boldsymbol{A}_R)^{-1} \boldsymbol{A}_R^{\mathrm{H}} \tag{5.17}$$

式中：$\boldsymbol{I}$ 为单位矩阵。由矩阵理论可知

$$\left.\begin{array}{ll} \boldsymbol{Q}\boldsymbol{a}_n = 0, & n \in \{n_1, n_2, \cdots, n_R\} \\ \boldsymbol{Q}\boldsymbol{a}_n \neq 0, & n \in \{1, 2, \cdots, N\}, k \notin \{n_1, n_2, \cdots, n_R\} \end{array}\right\} \tag{5.18}$$

考虑到噪声的影响，可以通过下式来估计不为零的源信号对应的混合矢量 $\{\boldsymbol{a}_{n_1}, \boldsymbol{a}_{n_2}, \cdots, \boldsymbol{a}_{n_R}\}$，即

$$\{\boldsymbol{a}_{n_1}, \boldsymbol{a}_{n_2}, \cdots, \boldsymbol{a}_{n_R}\} = \arg \min_{n_1, n_2, \cdots, n_R} \{\|\boldsymbol{Q}\boldsymbol{X}(t,f)\| \mid \boldsymbol{A}_R\} \tag{5.19}$$

由于式(5.16)是一个超定方程，在 $\boldsymbol{A}_R$ 已知的条件下，通过矩阵伪逆就可以估计出该时频点上不为零的源信号。

$$\hat{\boldsymbol{S}}_R(\boldsymbol{P}_l) = \boldsymbol{A}_R^{+} \boldsymbol{X}(\boldsymbol{P}_l) \tag{5.20}$$

若取 $R=M$，则任意 $\boldsymbol{A}_R$ 都可以使 $\min\limits_{k_1, k_2, \cdots, k_R} \{\|\boldsymbol{Q}\boldsymbol{X}(t,f)\| \mid \boldsymbol{A}_R\} = 0$，因此现在方法只能允许时频点上的源信号个数小于阵元数。

在任意时频点 (t,f) 上存在的信号个数为 m，对应的混合矢量为 $\{\boldsymbol{a}_{n_1}, \boldsymbol{a}_{n_2}, \cdots, \boldsymbol{a}_{n_m}\}$，$\{n_1, n_2, \cdots, n_m\} \subset \{1, 2, \cdots, N\}$。用文献[148]的算法，估

计出的第 n 个源信号为 $\hat{S}_n(t_\beta, f_\beta)$ 为

$$\hat{S}_n(t,f)=\begin{cases} S_n(t,f)+\bar{V}_n(t,f), & n\in\{n_1,n_2,\cdots,n_m\} \\ \bar{V}_n(t,f), & n\in\{n_{m+1},\cdots,n_R\} \\ 0, & n\in\{1,2,\cdots,N\},n\notin\{n_1,n_2,\cdots,n_R\} \end{cases}$$
(5.21)

式中：$\bar{V}_n(t,f)$ 表示引入的噪声项。

文献[102]指出，当真实的信号个数 m 小于假设的源信号个数时，子空间投影算法会引入额外的噪声而导致估计性能降低。因此，为了提高源信号的分离性能，尽量先估计出任意时频点上存在的源信号个数，但信号个数的估计会增加算法的复杂度。实际上，当信噪比较大时，因假设信号个数多于真实信号数引入噪声的影响可以忽略。

5.4.2　改进子空间投影算法原理

为了进一步放宽稀疏性限制，将源信号的相对功率与子空间投影算法相结合，提出了改进的子空间投影算法，可以在源信号个数等于阵元数的时频点（适定时频点）上完成源信号的分离。算法的主要思路是将源信号相对功率的偏差作为辅助标准来实现适定时频点上的源信号分离。

对每个时频支撑点，首先执行现有子空间投影算法，设定 $R=M-1$，过程如 5.4.1 小节所示。对于给定的时频点 P_l，如果同时存在的源个数 M_a 小于阵元数，那么可以根据式(5.19)得到混合矩阵 A_R，且正交投影剩残留为

$$\min_{A_R}\{\parallel QX(P_l)\parallel_2 \mid A_R\}=\breve{\sigma}$$
(5.22)

式中：$\breve{\sigma}=\parallel QN(P_l)\parallel_2$ 是噪声的残留。

若同时存在的源个数 M_a 等于阵元数 M，设定得到的混合矢量为 A_R，则必定存在一个 s_n 对应的混合矢量 $a_n\notin A_R$，重新计算正交投影残留为

$$\min_{A_R}\{\parallel QX(P_l)\parallel_2 \mid A_R\}=\breve{S}_n+\breve{\sigma}$$
(5.23)

式中：$\breve{S}_n$ 是矢量 $S_n(P_l)a_n$ 的残留。根据假设1可知，$S_n(P_l)a_n$ 不能由 A_R 线性表示，因此

$$S_n(P_l)a_n=\parallel S_n(P_l)[I-A_R(A_R^H A_R)^{-1}A_K^H]a_n\parallel_2\gg\breve{\sigma}$$
(5.24)

通过上面的分析，可以用最小残留大小来判断某时频点上同时存在的信号个数 M_a 是否小于阵元数，即

$$若\min_{A_R}\{\parallel QX(P_l)\parallel_2 \mid A_R\}>\varepsilon_r，则认为 M_a=M$$
(5.25)

式中:门限 ε_r 称为时频点超定判断门限,与相对功率有关。

当 $M_a = M$ 时,设定 $R = M$,式(5.3)可表示为

$$\boldsymbol{X}(P_l) = a_{n_1} S_{n_1}(P_l) + \cdots + a_{n_M} S_{n_M}(P_l) + \boldsymbol{N}(P_l) \tag{5.26}$$

令 $\boldsymbol{A}_{\mathrm{set}}$ 是矩阵 $\boldsymbol{A}$ 的维数为 $M \times M$ 的子矩阵集合,其包含子矩阵个数为 $C_N^M = \dfrac{N(N-1)\cdots(N-M+1)}{N!}$,并令 $\{\boldsymbol{A}^{(k)} \mid 1 \leqslant k \leqslant C_N^M\}$ 表示 $\boldsymbol{A}_{\mathrm{set}}$ 中的全部子矩阵。

式(5.26)可重写为

$$\boldsymbol{X}(P_l) = a_{n_1} E_{n_1} \mathrm{e}^{\mathrm{j}\theta_{n_1}} + \cdots + a_{n_M} E_{n_M} \mathrm{e}^{\mathrm{j}\theta_{n_M}} + \boldsymbol{N}(P_l) \tag{5.27}$$

式中:$E_{n_i} \mathrm{e}^{\mathrm{j}\theta_{n_i}}$ 代表 $S_{n_i}(P_l)$,E_{n_i} 是信号 $s_{n_i}(t)$ 在时频点 P_l 上的相对功率。对任意 $M \times M$ 的子矩阵 $\boldsymbol{A}^{(k)} = [a_{n_1}, a_{n_2}, \cdots, a_{n_M}]$,求解信号的相对功率,$M$ 个源信号的相对功率可以表示为

$$\hat{\boldsymbol{E}}_k = \mathrm{abs}\{(\boldsymbol{A}^{(k)})^{\dagger} \boldsymbol{X}(P_l)\} \tag{5.28}$$

为了评价 $\hat{\boldsymbol{E}}_k$ 与真实相对功率的匹配程度,定义如下统计量:

$$H_k = \|\hat{\boldsymbol{E}}_k - \boldsymbol{E}_{(n_1, \cdots, n_M)}\|_2 \tag{5.29}$$

考虑到噪声的影响,子矩阵的选择标准为

$$\boldsymbol{A}_M = \arg \max_{1 \leqslant k \leqslant C_N^M} \{H_k \mid \boldsymbol{A}^{(k)}\} \tag{5.30}$$

由假设 1 可知 $\boldsymbol{A}_M$ 可逆,于是该时频点上存在的源信号可以通过下式估计:

$$\hat{\boldsymbol{S}}_M(P_l) = \boldsymbol{A}_M^{-1} \boldsymbol{X}(P_l) \tag{5.31}$$

5.4.3 算法总结与分析

5.4.3.1 算法总结

根据以上分析,表5.1给出了改进后跳频网台分选方法的具体步骤。

表 5.1 基于改进子空间投影算法的跳频网台分选步骤

1. 输入混合矩阵 $\boldsymbol{A}$ 和源信号相对功率矢量 $\boldsymbol{E}$,设定时频支撑点幅度门限 ε_a,信号个数判断门限 ε_r。

2. 获取全部时频支撑点,如果 $\|\boldsymbol{X}(P_l)\|_2^2 > \varepsilon_a$,那么保存 P_l,令时频支撑域 $\boldsymbol{\Omega} = \bigcup_{l=1}^{L} P_l$。

3. 取 $P_l(1 \leqslant l \leqslant L)$,恢复该时频支撑点上的源信号。

    3.1:设定 $R = M-1$,计算 $\min\limits_{\boldsymbol{A}_R}\{\|\boldsymbol{Q}\boldsymbol{X}(P_l)\|_2 \mid \boldsymbol{A}_R\}$;

    3.2:

    If $\min\limits_{\boldsymbol{A}_R}\{\|\boldsymbol{Q}\boldsymbol{X}(P_l)\|_2 \mid \boldsymbol{A}_R\} < \varepsilon_r$

      依据式(5.30)估计子矩阵 $\boldsymbol{A}_R$;

续 表

　　根据式(5.20)恢复这 $M-1$ 个源信号；
Else
　　设定 $R=M$；
　　依据式(5.30)估计子矩阵 $\boldsymbol{A}_M$；
　　依据式(5.31)恢复时频点 P_l 处的 M 个源信号；
End If
3.3：
If $l<L$
　　$l=l+1$
　　转到步骤 3；
Else
　　转到步骤 4；
End If
4.输出各跳频网台时频支撑域分选后的时频表示结果。

5.4.3.2　门限设定分析

　　本方法涉及两个门限的选择,下面将对这两个门限的选取标准进行说明。

　　(1) 时频支撑点幅度门限 ε_a。该门限在混合矩阵估计和跳频网台分选中都有用到,在混合矩阵估计时用来过滤噪声,将时频支撑点提取出来。此时需要尽量避免噪声引起的幅度较大的时频点被误判为时频支撑点,只要将信号对应的大部分时频点提取出来就可以完成混合矢量的聚类,因此在混合矩阵估计时该门限的选择可适当取大一些, 如设定该门限 $\varepsilon_a = 0.1 \max_{t,f}\{\boldsymbol{X}(t,f)\} + 3\sigma_n^2$(可以用直方图法估计噪声方差 σ_n^2)。在源信号恢复时,为了尽可能取到全部的源信号对应的时频点,该门限不易取大,实际一般可以设定该门限 $\varepsilon_a = 3\sigma_n^2$。

　　(2) 时频点超定判断门限 ε_r。该门限用来判断某时频点上的同时存在的信号个数是否小于阵元数。该门限与信号的相对功率有关,可以根据5.3.3节估计的源信号相对功率的最小值设定。若该门限过大,则改进算法与原子空间投影方法相同。若该门限过小,则增加计算量,且引入噪声。可根据实际情况设定,一般设 $\varepsilon_r = 0.5 \min_{n}\{E_n\}$。

5.4.3.3　计算量分析

下面对改进方法的计算量进行分析,并与子空间投影算法[148]、矩阵对角化方法[153]进行比较。

文献[153]中的基于矩阵对角化的方法,首先将整个时频域划分为若干相邻的时频邻域,这些时频邻域定义为

$$\Delta \boldsymbol{\Omega}_i = \{(t_i + k_1 \Delta t, f_i + k_2 \Delta f) \mid 0 \leqslant k_1 < K_1, 0 \leqslant k_2 < K_2\}$$

$$(5.32)$$

式中:$k_1, k_2 \in \mathbf{Z}$,令 $|\Delta \boldsymbol{\Omega}_i|$ 表示该时频领域内的时频点个数,即 $|\Delta \boldsymbol{\Omega}_i| = K_1 K_2$。对于每个时频邻域,该方法需要估计该邻域对应的混合子矩阵 $\boldsymbol{A}_M$。按照文献[153]中的步骤,每个时频邻域的计算量约为 $C_N^M (2M^2 + M) K_1 K_2$,因此每个时频点的计算复杂度近似为 $C_N^M (2M^2 + M)$。

文献[148]中提出的子空间投影方法,首先计算投影矩阵,计算量约为 $C_N^{M-1} [O(M^3) + 3M^2]$,但可以事先计算好,只需要计算一次,不需要重复计算。该方法的计算复杂度主要体现在式(5.19)的计算上,计算复杂度为 $C_N^{M-1}(M^2)$。

对于本书提出的改进方法,当时频点上同时存在的信号个数小于阵元数时,其计算复杂度等于子空间投影方法。当时频点上同时存在的信号个数等于阵元数时,增加的计算过程为式(5.28)~式(5.30),增加的计算复杂度为 $C_N^M [M^2 + O(M)]$。改进方法的复杂度较原子空间方法稍有增大,增大的计算量与非超定时频点个数有关。对于跳频信号网台分选问题,频率冲突的概率较小,所以算法的总体复杂度增大不明显。

5.5　仿真实验与分析

本节将通过仿真实验验证本章算法的混合矩阵估计性能及跳频信号网台分选性能。首先介绍混合矩阵和分选性能的评价准则,然后分别以同步网台和异步网台为对象来分析算法的性能。

5.5.1　评价准则

为了评估混合矩阵估计效果,采用混合矩阵估计误差 $\boldsymbol{E}_A$ 作为评价标准。因为本章采用欠定盲分离的方法进行网台分选,不同跳频网台信号的分离效果能够很好地代表跳频网台分选效果,故选采用文献[153]中的信干比 SIR

作为网台分选性能的评价指标。

由于混合矩阵的估计存在幅度模糊,所以要通过尺度变换使 $\hat{A}$ 的列矢量与 A 的对应的列矢量尺度相同,混合矩阵估计误差 E_A 定义如下:

$$E_A = \frac{1}{N} \parallel AC - \hat{A} \parallel_F \tag{5.33}$$

式中:$\hat{A}$ 是混合矩阵 A 的估计,A 的列矢量是归一化的;尺度变换矩阵 C 是对角矩阵,对角线上的元素为 $c_{ii} = \frac{1}{M}\hat{a}_i^H a_i$。$\parallel\ \parallel_F$ 表示矩阵的 Frobenius 范数。E_A 越小表明混合矩阵的估计精度越高。

分离后跳频网台信号的信干比 SIR 定义如下[153]:

$$SIR = \frac{\sum\limits_{i=1}^{N} E\{s_i^2(t)\}}{\sum\limits_{i=1}^{N} E\{(s_i(t) - \hat{s}_i(t))^2\}} \tag{5.34}$$

式中:$\hat{s}_i(t)$ 是源信号 $s_i(t)$ 的估计($i = 1,2,\cdots,N$)。信干比 SIR 越大,说明估计的信号越接近源信号,分选性能越好,反之,则说明分选后的信号与源信号相差越大。

5.5.2 同步网台分选

仿真实验 5-1:验证本书方法同步网台跳频信号的混合矩阵估计性能。

假设 N 个同步跳频信号同时入射到 M 元均匀圆阵上,跳频信号射频频率为 10~10.025 GHz,阵列相邻阵元间距等于频率 10 GHz 信号半波长。跳频信号的频率带宽为 25 MHz。仿真中设定跳周期 6 μs,对应跳速为167 khop/s,远高于现有跳频装备应用的跳速。实际上,跳速对本书方法影响较小,为了说明本书方法对高跳速跳频信号的适应能力,均选用高跳速的跳频信号作为实验对象。将多网台跳频混合信号下变频,使其频率范围为 50~75 MHz,并用 100 MHz 采样。观测时间内,同步网台跳频信号参数见表 5.2。

表 5.2 同步网台跳频信号参数

信号	跳频周期 T_n/μs	首跳时长 αT_n/μs	跳频频率集/MHz	DOA(方位/俯仰)
s_1	6	2	52,56,64,58	$0.2\pi/0.7\pi$
s_2	6	2	56,58,62,64	$0.3\pi/0.9\pi$
s_3	6	2	72,66,54,68	$0.4\pi/0.6\pi$
s_4	6	2	62,68,72,52	$0.5\pi/0.8\pi$

根据信号的入射方位 θ_n 和俯仰角度 ϕ_n 和射频频率得到混合矩阵为混合矩阵 A 的第 (m,n) 个元素 a_{mn} 可以表示为

$$a_{mn}=\exp\{2\pi\mathrm{j}[x_m\cos(\theta_n)\cos(\varphi_n)+y_m\cos(\theta_n)\sin(\varphi_n)]\} \quad (5.35)$$

式中：$x_m=0.5\cos[2\pi(m-1)/M]$；$y_m=0.5\sin[2\pi(m-1)/M]$。

设定支撑点选取门限 $\varepsilon_a=0.1\max\limits_{t,f}\{\boldsymbol{X}(t,f)\}+3\sigma^2$，阵元数 $M=2$，网台个数 $N=4$，各通道混合信号信噪比均为 10 dB。

图 5.1 给出了时频支撑点处混合矢量第二个元素实部和虚部散布图及聚类后的结果。图 5.1(a)是剔除野值前全部时频支撑点的聚类结果，图 5.1(b)是剔除野值后剩余的时频支撑点的聚类结果。比较图 5.1(a)和图 5.1(b)中真实聚类中心与 k-均值聚类结果可以看出，剔除野值前的聚类中心严重偏离真实结果，而剔除野值后的聚类结果与真实结果相吻合。

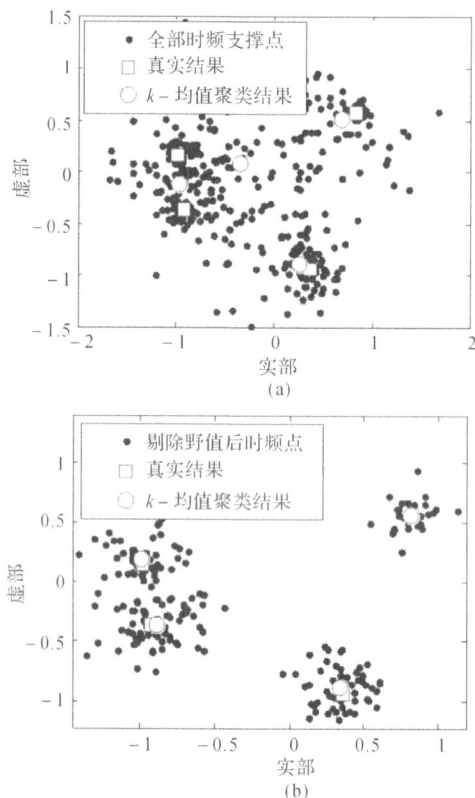

图 5.1 同步网台时频单源点聚类结果

(a)剔除野值前； (b)剔除野值后

保持阵元数和网台个数不变,混合信号信噪比由$-5\sim30$ dB变化,图5.2 给出了本书方法与k-均值聚类方法的混合矩阵估计性能的比较结果。从图 5.2中可以看出,无论信噪比如何增大,不剔除野值就直接进行k-均值聚类 无法得到精确的估计结果。而本书剔除野值后再聚类的方法性能随信噪比的 增大而提高。

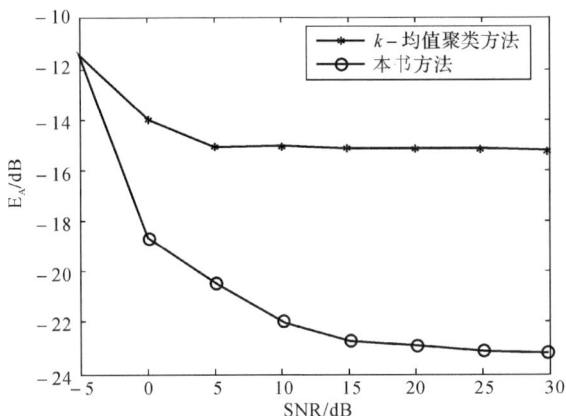

图 5.2 本书方法与k-均值聚类方法的混合矩阵估计性能比较

仿真实验5-2:验证本书方法对同步网台跳频信号的分选性能。

本仿真采用的跳频网台样本与仿真实验5-1相同。设定支撑点选取门 限$\varepsilon_a=3\sigma^2$,阵元数$M=2$,各通道混合信号信噪比均为10 dB。图5.3给出了 两个通道混合信号的时频图,图5.4给出了用本书方法分选后的各网台跳频 信号时频图。

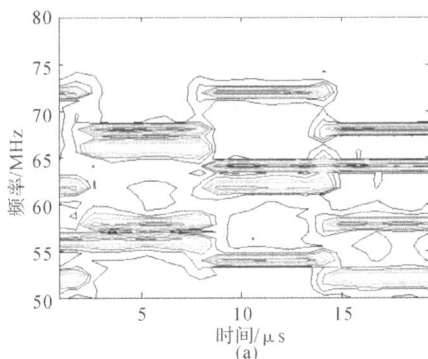

图 5.3 两个通道混合信号的时频图

(a)通道1混合信号时频图

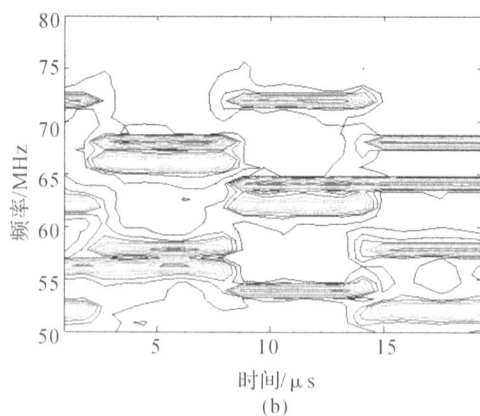

(b)

续图 5.3   两个通道混合信号的时频图

(b)通道 2 混合信号时频图

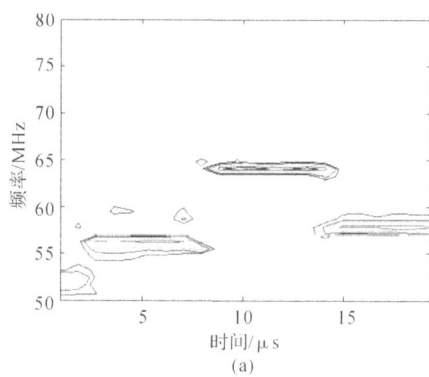

(a)

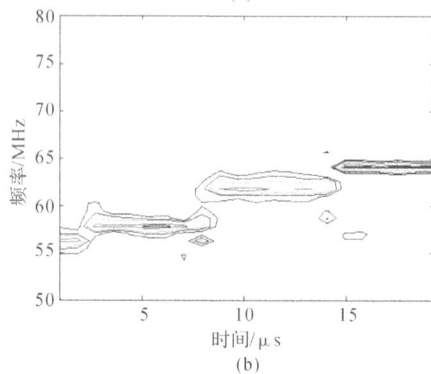

(b)

图 5.4   本书方法分选后的各同步网台跳频信号时频图

(a)信号 s_1 时频图；   (b)信号 s_2 时频图

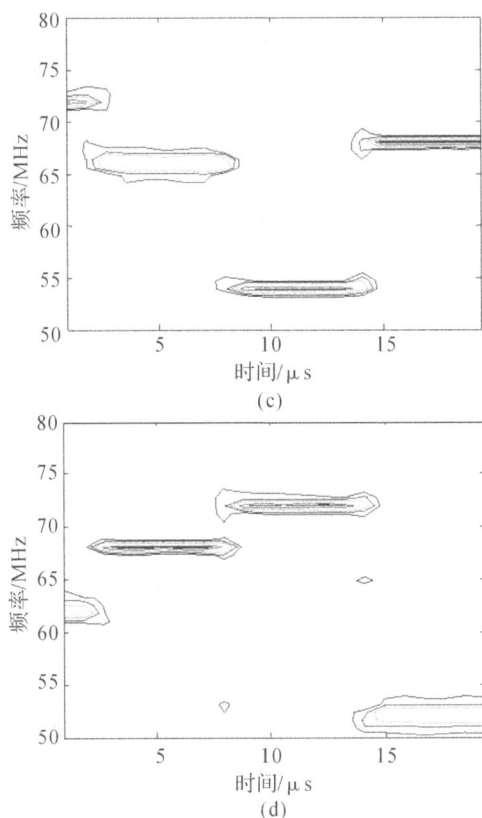

续图 5.4　本书方法分选后的各同步网台跳频信号时频图

(c)信号 s_3 时频图；　(d)信号 s_4 时频图

　　从分选后的跳频网台信号时频图可以看出，本书方法能够有效地从 2 个阵元接收的混合数据中分选出 4 个跳频网台。

　　图 5.5 给出了本书方法、子空间投影算法和矩阵对角化算法的跳频网台分选性能随信噪比变化的曲线。对于同步组网跳频信号，由于各时频点上最多存在一个信号，因此本书方法性能与子空间投影算法性能相当。而基于矩阵对角化的算法要求时频域划分且信号不相关，影响了算法分选性能。当信噪比大于 15 dB 时，本书方法明显优于基于矩阵对角化算法。从图 5.5 中还可以看出分选性能与信号个数有关，3 种算法在信号个数 $N=3$ 时的分选性能要优于 $N=4$ 时的分选性能。

　　将通道数变为 3 个，保持前 4 个跳频网台参数不变，第 5 个跳频网台的频

率依次为 $\{62,68,72,52\}$ MHz,方位和俯仰角分别为 0.5π 和 0.8π。图 5.6 给出了本书方法与基于矩阵对角化的网台分选算法的性能比较曲线,从图5.6 中可以看出,本书方法优于矩阵对角化算法。对比图 5.6 与图 5.5 可知,阵元数增加能够提高跳频网台分选性能。当信噪比大于 10 dB 时,本书方法仅用 2 个通道就能够分选 5 个同步跳频网台。

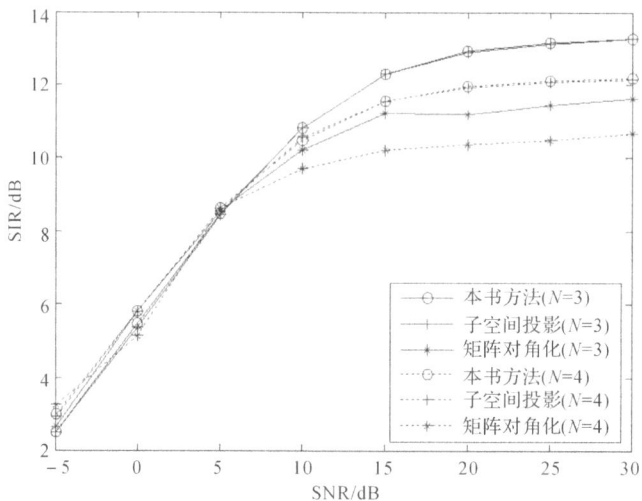

图 5.5　$M=2$ 时本书方法与其他算法分选性能比较

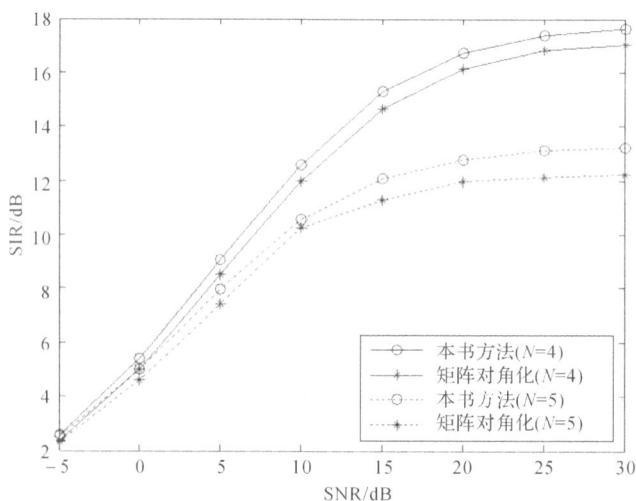

图 5.6　$M=3$ 时本书方法与其他算法网台分选性能的比较

5.5.3　异步网台分选

仿真实验 5－3:验证本书方法对异步网台跳频信号的混合矩阵估计性能。

设置跳频网台的射频频率范围和接收通道参数不变。观测时间内,下变频后的四个跳频网台参数如表 5.3 所示。其中,信号 s_1 与信号 s_3 在时间 9～12 μs 内发生频率重叠,重叠频率为 64 MHz。

表 5.3　异步网台跳频信号参数

信号	跳频周期 $T_n/\mu s$	首跳时长 $\alpha T_n/\mu s$	跳频频率集/MHz	DOA(方位/俯仰)
s_1	6	1	52,56,64,58	$0.2\pi/0.7\pi$
s_2	4	1.5	64,58,62,70,74,60	$0.3\pi/0.9\pi$
s_3	6	3	72,66,64,68	$0.4\pi/0.6\pi$
s_4	6	2	62,68,72,52	$0.5\pi/0.8\pi$

设定支撑点选取门限 $\varepsilon_a = 0.1 \max\limits_{t,f}\{\boldsymbol{X}(t,f)\} + 3\sigma^2$,阵元数 $M=2$,网台个数 $N=4$,各通道混合信号信噪比均为 10 dB。图 5.7 给出了时频支撑点处混合矢量第二个元素实部和虚部散布图及聚类后的结果。图 5.7(a)是剔除野值前全部时频支撑点的聚类结果,图 5.7(b)是剔除野值后剩余的时频支撑点的聚类结果。比较图 5.7(a)和图 5.7(b)中真实结果与 k -均值聚类结果可以看出,剔除野值前的聚类中心严重偏离真实结果,而剔除野值后的聚类结果与真实结果相吻合。

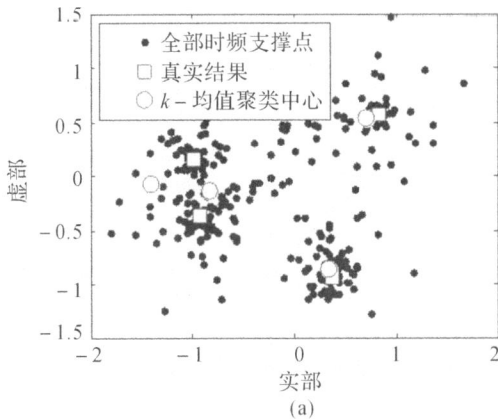

图 5.7　异步网台时频单源点聚类结果

(a)剔除野值前

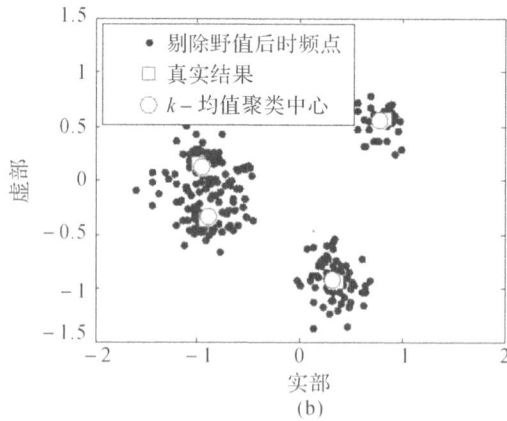

续图 5.7　异步网台时频单源点聚类结果
(b)剔除野值后

　　保持阵元数和网台个数不变,混合信号信噪比由$-5\sim30$ dB变化,图 5.8 给出了本书方法与k-矩阵聚类方法的混合矩阵估计性能比较。从图 5.8 中可以看出,无论信噪比如何增大,不将野值剔除就直接进行k-均值聚类无法得到精确的估计结果。而本书剔除野值后再聚类的方法性能随信噪比增大而不断提高。

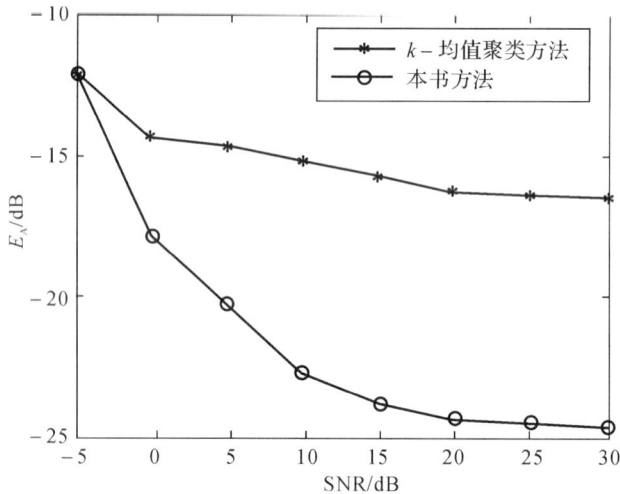

图 5.8　本书方法与k-均值聚类方法的混合矩阵估计性能比较

仿真实验 5-4:验证本书方法对异步网台跳频信号的分选性能。

本实验采用的跳频网台参数与仿真实验 5-3 相同。设定支撑点选取门限 $\varepsilon_a=3\sigma^2$,阵元数 $M=2$,各通道混合信号信噪比均为 10 dB。图 5.9 给出了两通道混合信号的时频图,图 5.10 给出了本书方法分选后的各网台跳频信号时频图,从跳频网台信号的分选结果可以看出,本书方法能够有效地实现欠定混合跳频信号的分选。图 5.11 给出了子空间投影算法对发生频率冲突信号的分选结果,可以看出,子空间投影算法无法分选第一个和第三个网台的时频重叠部分。

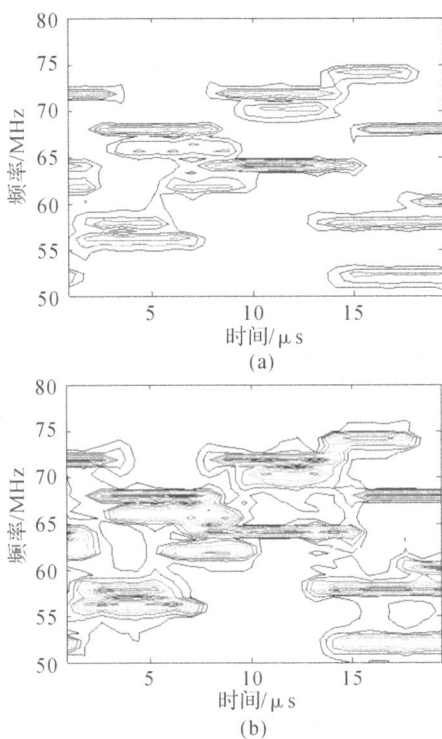

图 5.9　两通道混合信号的时频图
(a)通道 1 混合信号时频图；　(b)通道 2 混合信号时频图

图 5.12 给出了阵元数分别为 2 和 3 时本书方法与其他算法的源信号估计性能随信噪比变化的曲线。由于异步网台跳频信号存在频率冲突导致时频点上同时存在的信号个数可能为 2,所以在阵元数为 2 时不满足子空间投影算法的假设条件,算法性能明显弱于本书方法。当阵元数为 3 时,因为各时频

点上同时存在的信号数都小于阵元数,所以本书方法与子空间投影算法性能相当。基于矩阵对角化的算法要求划分时频邻域且相同时频邻域内不同网台信号不相关,但相同邻域内的不同网台跳频信号存在一定的相关性,故该算法分选性能较差。此外,随着阵元数的增加,3 种算法的分选性能都有明显提高。

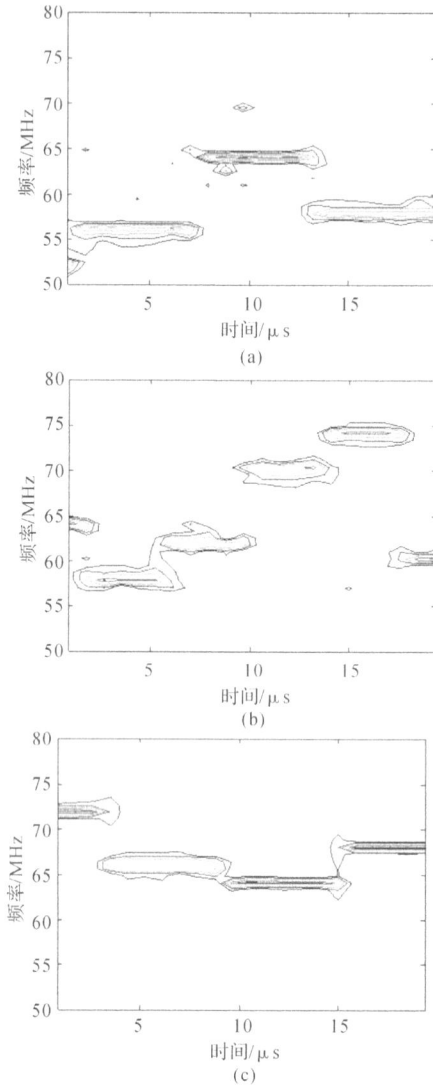

图 5.10　本书方法分选后的各异步网台跳频信号时频图
(a)信号 s_1 时频图；　(b)信号 s_2 时频图；　(c)信号 s_3 时频图

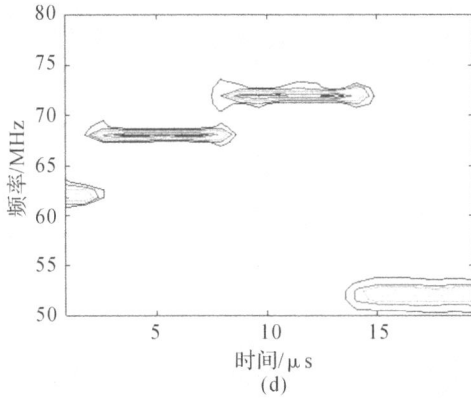

续图 5.10　本书方法分选后各异步网台跳频信号的时频图

(d)信号 s_4 时频图

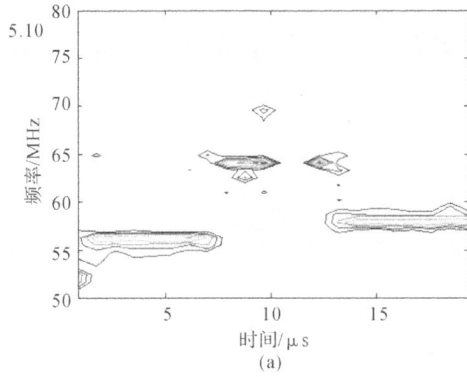

(a)

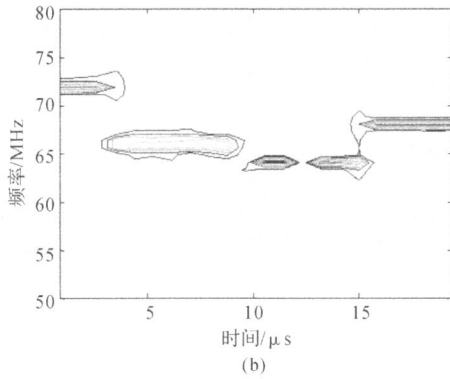

(b)

图 5.11　子空间投影算法分选出信号 s_1 和 s_3 的时频图

(a)信号 s_1 时频图；　(b)信号 s_3 时频图

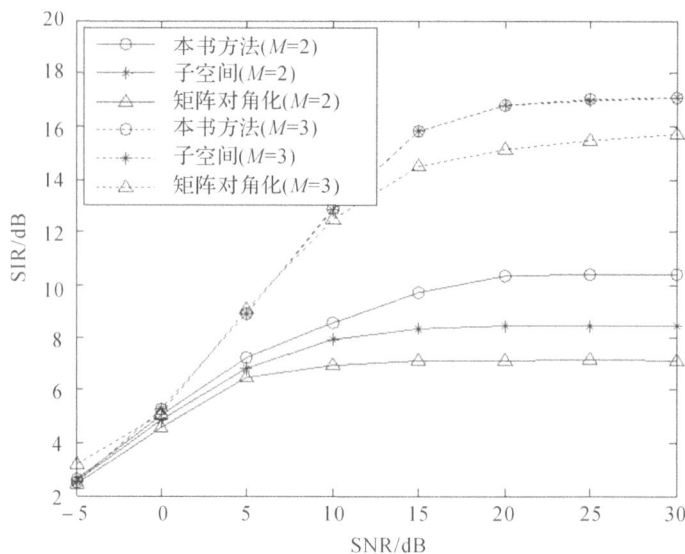

图 5.12　不同阵元数时本书方法与其他算法的网台分选性能比较

5.6　本章小结

　　本章研究了欠定跳频网台分选问题,并利用欠定盲分离算法解决该问题。结合跳频网台分选问题的特性,本章以基于时频单源点聚类的混合矩阵估计算法和基于子空间投影的源信号分离算法为基础并进行改进,提出了一种基于欠定盲分离的跳频网台分选方法。首先,介绍了改进的混合矩阵估计方法的原理,并给出了相对功率的估计方法,然后,从理论上推导了信号相对功率与子空间投影算法结合的原理,并分析了改进子空间投影算法相关门限的设定方法及算法计算量。

　　本章的主要创新成果及创新性工作有:

　　(1)提出了基于改进时频单源点聚类的混合矩阵估计方法,该方法时频比矩阵预处理时去除了野值矢量,不需要进行时频单源点检测,提高混合矩阵估计的成功率和精度。

　　(2)提出了基于改进子空间投影的跳频网台分选算法,将信号相对功率与子空间投影算法相结合,放宽了混合信号在时频域上的稀疏性条件,允许在任意时频点上同时存在的跳频信号数等于阵元数。

第6章　无人机跳频信号特征分析

6.1　引　　言

近年来,无人机行业发展迅猛,特别是民用微型多旋翼无人机,因其安全、便携、易部署、娱乐性强而深受大众喜爱,用户与日俱增[168-169]。它被广泛应用于摄影娱乐、农林作业、边境巡逻、治安反恐、地理测绘、管线监测、应急救援等方面,各类无人机不仅在各行业领域展现出良好的应用前景,也越来越多地出现在人们的日常生活之中[170-171]。

然而,无人机作为我国的新兴产业,对其的技术监管手段以及相关法规建设仍严重滞后,存在诸多缺失、模糊和混沌之处[172],因而在无人机的使用中暴露出严重的安全隐患。从实际情况看,现今部分无人机飞行活动处于"黑飞"状态,而随着技术上的不断优化和发展,市场上常见的无人机不论是飞行高度还是飞行距离上都具有良好的性能,加上用户资质不一、无人机型号多样,更加大了无人机的不当使用所带来的公共安全威胁[173]。

对于无人机的不当使用,常见的一大危害是其对空中交通安全的威胁。航空公司飞行员报告,在起飞和降落时已经数百次看见有无人机向他们的飞机接近,一旦飞机与其相撞,后果不堪设想。近五年来,国内外多地机场就接连发生了多起无人机黑飞扰航事件,给公共飞行安全造成了巨大威胁。比如,成都某机场在2018年4月中下旬的半个多月时间内频繁出现无人机扰乱航空秩序的事件,最严重的一次是在4月21日下午,3 h内受到4架"黑飞"无人机干扰,影响了60多个航班的正常航行,超万名旅客被滞留机场。因此,对机场区域无人机进行监控、定位和管理,具有重要的意义和应用价值。

无人机在其他方面的应用也面临着一系列问题。据公开资料报道,微型无人机作为攻击武器携带炸弹对敌方重要军事目标进行袭击已经成为一种重要军事手段。其他威胁主要表现为各种非法飞行给诸如运动会、演唱会、军营、核电站、化工厂、监狱、边海防等重点区域造成严重的安全隐患。在为经济社会发展保驾护航的同时,军方、民航管理部门、无线电管理部门和公安部门等结合行业特点和单位实际也相继出台了管控无人机等"低、慢、小"飞行器的法律法规。维护国家低空安全,加强无线电秩序管理执法力度,工业部门、科研院所以及有实力的企业事业单位则需要研发"低、慢、小"防控设备,为低空安全提供技术手段和装备支撑。

目前,民用无人机的飞行大多需与遥控器保持通视,在空旷区域的最大控制距离约在 $2\sim20$ km 内不等,在复杂的城市环境中其控制距离相对更短,这有利于采用技术手段实现快速定位。目前民用无人机的主流工作频段为 2.4 GHz 和 5.8 GHz,为无须授权频段,在该频段上存在许多同频干扰信号,而且因无人机型号的不同,相应的遥控和图传信号也会存在差异[174]。无人机目标是一种典型的"低、慢、小"目标:对于雷达探测定位技术,存在无人机悬停或慢速时易漏警以及近距离盲区的缺点;对于光电探测定位系统,存在探测距离有限,以及易受背景环境影响的缺点;对于声波探测定位系统,存在探测距离近、抗干扰能力差等缺点。因此,采用上述探测定位手段存在诸多限制,而且成本高、效果差,所以针对无人机这种特定目标的定位,被动侦察技术可以作为重要考虑手段之一。

由于无人机图传信号采用的是典型的跳频模式,因此前述几章算法完全可以应用于对无人机信号的分析与处理,同时也可为反无人机探测设备的研制提供理论支撑。本章以国内某典型的微型多旋翼无人机信号为例,分析无人机图传信号和遥控信号的基本特征,并对该类型跳频信号侦察提出解决思路。

无人机的图像传输系统通常在 2.4 GHz 或 5.8 GHz 频段内发送无线电信号把图像信息传递回地面控制端,侦察方不仅可以利用无线电监测设备检测无人机的飞控信号来侦测无人机,还可以通过检测无人机的图传信号来侦测无人机,并且可以利用数字信号处理技术截获无人机传送的图像信息,故无人机图传信号的检测和参数估计同样具有重要的价值。另外,2.4 GHz 和 5.8 GHz 为 ISM 频段,ISM 频段非常拥挤,存在大量的其他通信信号,电磁环境比较复杂,给无人机图传和遥控信号识别带来了不利影响。表 6.1 给出了无人机图传信号、测控信号和常用 Wi-Fi 信号所处的频段和带宽特点。

表 6.1　无人机信号常用频段

信　号	频段/GHz	带宽/MHz
无人机图传信号	2.404～2.47 5.725～5.775	9
无人机测控信号	2.404～2.47	2
Wi-Fi 信号	2.40～2.483 5.15～5.85	20

为了实现后期信号的识别和解调,需要估计出精确的载波频率,精确的载频估计是后续信号识别和解跳的前提条件。

针对无人机图传信号典型的跳频模式特点,本章主要从微型无人机跳频信号工作原理、微型无人机信号检测方法、微型无人机信号频域特征分析等方面展开对无人机信号跳频信号的分析,对无人机脉冲信号进行截取,采用频谱及功率谱分析,信噪比、时频特性分析等手段,分析无人机信号特征,为后期无人机类型识别奠定基础。

6.2　微型无人机控制系统工作原理

根据国际电信联盟规定,2.4 GHz 无线网络因其传输速度快、传输距离较远、辐射低,是目前无人机市场采用的主流频段,例如受众客户喜欢的国内某知名品牌无人机就选取了 2.4 GHz 频段的 Lightbridge 图传方式作为其图传和遥控信号的传输方式。应用在 2.4 GHz 频段的还有蓝牙技术、Home RF技术(家用射频技术)、MESH(新无线局域网技术)、微蜂窝技术等。因此,要实现无人机信号的检测和识别,首先要对其信号特征进行分析和总结,以区别于其他同频干扰信号。本章以某型主流无人机为例进行分析。

目前,无人机的典型构成如图 6.1 所示,主要由地面遥控器、飞控系统和舵机云台视频系统三个模块构成。

飞控系统

GPS-COMPASS PRO; GPS/GNSS 指南针 ｜ LED-BT-1 指示灯、蓝牙电台 ｜ 智能起落架/减震 USB/CAN ｜ 存储单元

超声波定位/24 G雷达

ESC电调单元

PMU电源管理模块1 ｜ 飞控主控器 ｜ 遥控接收机

IMU惯性测量单元；惯性传感器；(陀螺仪、加速计) 气压计

CAN或专用BUS

充电电池1

舵机云台视频系统

相机录像控制模块 ｜ 伺服驱动模块

HDMI-HD/AV模块 ｜ 云台

iOSD ｜ 独立IMU

GCU云台控制器 ｜ USB3.0 CAN

存储单元

Wi-Fi模块

5.8 G/2.4 G/Sub G

无线视频传输模块机载端

地面遥控器

发射开关 ｜ GPS/GNSS ｜ Wi-Fi中继

切换开关 ｜ 存储单元

PMU电源管理模块2/电源 ｜ 遥控主控器 ｜ USB CAN

充电电池2/电池

无线视频传输模块地面端

5.8 G/2.4 G/1.2 G/SubG

移动设备(APP&地面站) ｜ 蓝牙 Wi-Fi

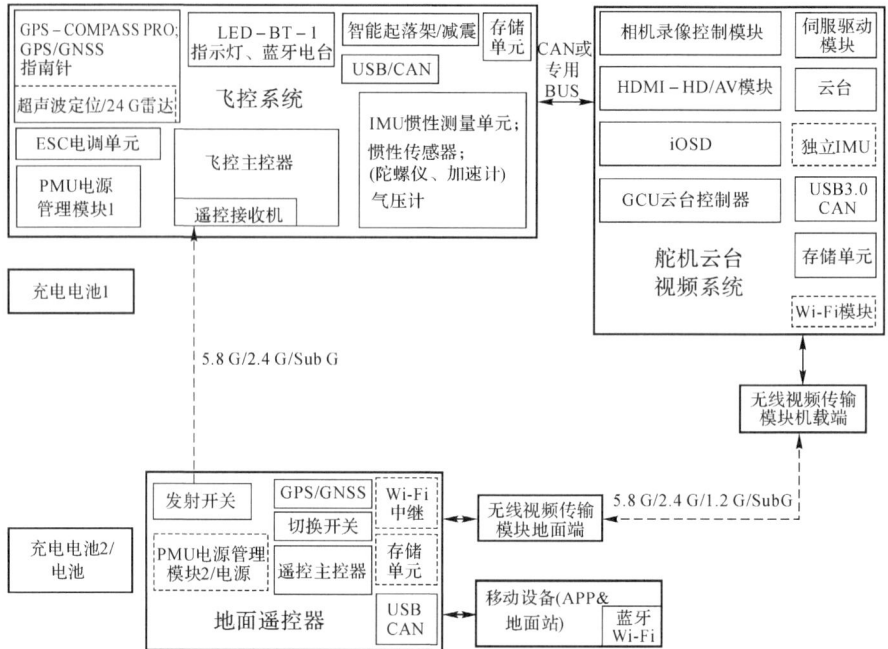

图 6.1 常规无人机系统构成

无人机系统在工作过程中要实现控制器对飞行器的实时控制，以及对飞行器获取的影像实时的读取显示，在控制器和飞行器之间存在稳定而长期的交互信号。无人机舵手通过飞行控制遥控器发射遥控信号对无人机进行远距离、高精度的控制，同时通过舵机云台视频系统，无人机将获取的实时画面图像通过图传信号传输到遥控端及其连接的平台上，实现实时的信号交换处理。由前面分析可知，为应对周围环境电磁干扰，无人机遥控信号和图传信号均为跳频调制模式的信号。两者之间的电磁信号传输链路为无人机及遥控器的侦收提供了信号源，也使得利用被动手段实现无人机探测定位成为可能。对遥控链路和图传链路电磁信号特征的分析是实现被动手段侦察定位的基础。

6.3　微型无人机信号检测与参数估计方法

在复杂的电磁环境下，仅仅通过眼睛去发现可能存在安全威胁的无人机是远远不够的，为了检测敏感地区(如机场、演唱会等大型活动场所)可能存在

的无人机安全威胁,人们需要在复杂的 ISM 频段,实现检测无人机遥控信号和图传,这是之后的工作(包括信号的参数提取、识别和定位)的基础。无人机的遥控信号属于跳频信号,国内外关于跳频信号的检测方法有很多,目前的研究着重于两个方面:基于前端接收机的硬件检测、基于后端信号处理的检测方法。本章着重研究后端信号处理的检测方法。基于后端信号处理的检测方法具有较好的效果,虚警概率较小,其中主要包括时频变换分析、基于功率谱对消的检测方法、自相关检测法和基于谱图的遥控信号提取方法。

6.3.1　常用时频分析方法

短时傅里叶变换是信号处理中最常用的一种时频分析方法,是傅里叶变换的推广和深化,它通过时间窗内的一段信号来表示某一时刻的信号特征。窗越宽时间分辨率越低,反之频率分辨率越低。它与小波变换、维格纳分布都是常见的信号时频表示法。

(1) 短时傅里叶变换。令 $g(t)$ 是一个时间宽度很短的窗函数,它沿时间轴滑动,信号 $z(t)$ 的短时傅里叶变换定义为

$$\mathrm{STFT}_z(t,f)=\int_{-\infty}^{+\infty}\left[z(u)g^*(u-t)\right]\mathrm{e}^{-\mathrm{j}2\pi fu}\,\mathrm{d}u \tag{6.1}$$

式中:$*$ 表示复数共轭。若取无穷长的矩形窗函数 $g(t)=1,\forall\,t$,则短时傅里叶变换退化为傅里叶变换。由于信号 $z(u)$ 乘一个相当短的窗函数 $g(u-t)$ 等价于取出信号在分析时间点 t 附近的一个切片,该切片形状与窗函数有关,所以短时傅里叶变换$\mathrm{STFT}_z(t,f)$ 可以理解为信号 $z(t')$ 在分析时间 t 附近的傅里叶变换(称为局部频谱),如图 6.2 所示。

短时傅里叶变换是一种线性时频表示,并具有频移不变性。 函数 $\mathrm{STFT}_z(t,f)$ 可以看作信号 $z(t)$ 与窗函数 $g(u)$ 的时间平移-频率调制形式 $g_{t,f}(u)$ 的内积,即

$$\mathrm{STFT}_z(t,f)=\langle z,g_{t,f}\rangle \tag{6.2}$$

式中:

$$g_{t,f}(u)=g(u-t)\mathrm{e}^{\mathrm{j}2\pi fu} \tag{6.3}$$

$$\langle z,g_{t,f}\rangle=\int_{-\infty}^{\infty}z(u)g_{t,f}^*(u)\,\mathrm{d}u \tag{6.4}$$

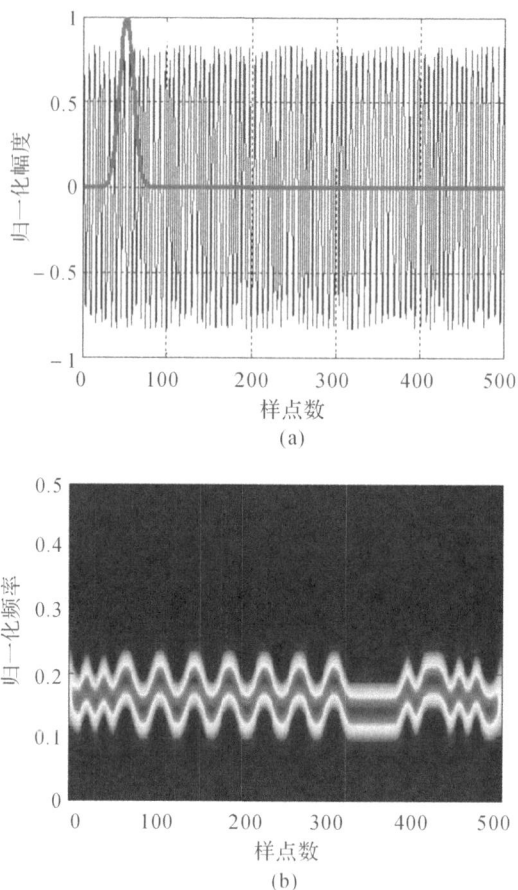

(a)

(b)

图 6.2   短时傅里叶变换切片示意图

(a) 窗函数与切片； (b) 时频分布图

分析窗函数 $g(t)$ 可在二次方可积空间即 $L^2(R)$ 空间内任意选择。在实际应用中，$g(t)$ 应该是一个窄的时间函数，以使得式(6.4)的积分仅受到 $z(t)$ 及附近值的影响，而 $g(t)$ 的傅里叶变换 $G(f)$ 也应是一个窄的函数，当窗函数取高斯函数即 $g(t) = e^{-\pi t^2}$ 时，高斯窗函数具有最好(最小)的时宽-带宽乘积。本节取高斯函数，以 GMSK 信号为例，短时傅里叶变换示意图如图 6.3 所示。

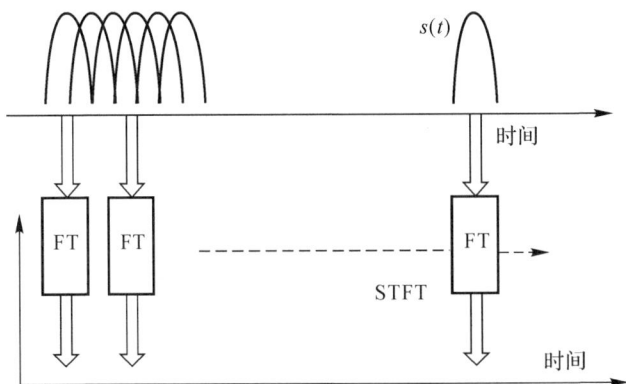

图 6.3　短时傅里叶变换示意图

短时傅里叶变换中,一定时刻 t 的 $\text{STFT}_z(t,f)$ 即 $z(t')g^*(t'-t)$ 的傅里叶变换不仅取决于 t 时刻附近窗函数内的信号,而且还和窗函数 $g(t)$ 本身有关。窗函数选取定性分析如下:以频率为 f_0 的单频信号为例,基于傅里叶变换的全局频谱为位于 f_0 的冲击函数 $\sigma(f_0)$,这样的非时变信号若以时频表示描述,信号在时频平面的局部频谱应是在 f_0 的一条水平的冲激函数,即任意时刻 t 的切片均为同一冲激谱。按照式(6.1)求得的局部频谱等于 $G(f-f_0)\mathrm{e}^{\mathrm{j}2\pi ft}$,其中 $G(f)$ 代表分析窗函数 $g(t)$ 的频谱,因此单频信号的局部特征表现在相位因子 $\mathrm{e}^{\mathrm{j}2\pi ft}$ 里面,并且局部谱被频谱 $G(f)$ 展宽了,而且窗口越窄,频谱 $G(f)$ 就越宽,单频信号的局部频谱也就越宽。这说明,窗函数的引入会降低局部频谱的分辨率,为了保持局部频谱的分辨率,分析窗就应该宽,但是当窗宽超过非平稳信号的局部平稳长度时,窗函数内的信号将是非平稳的,又会使相邻的频谱重叠,不能正确表现局部频谱,窗宽应与信号的局域平稳长度相适应。STFT 具有频移不变性和在相差一个相位因子的范围内保持时间移位不变性的性质。一般地,微型无人机的信号为跳频信号,信号频点在一定范围内跳变。因此可以通过短时傅里叶变换手法对无人机跳频信号进行检测和识别。当周围电磁环境较为复杂时,如出现线性跳频信号和跳频信号在协同频率区间时,短时傅里叶变换手法难以分离上述两类信号。

(2)谱图。谱图也称为短时功率谱,它是短时傅里叶变换取模值的二次方得到的,它能够描述信号能量的分布情况,谱图的表达式为

$$\text{SPEC}=|\text{STFT}(t,f)|^2=\left|\int_{-\infty}^{\infty}s(\tau)w^*(\tau-t)\mathrm{e}^{-\mathrm{j}2\pi f\tau}\mathrm{d}\tau\right|^2 \qquad (6.5)$$

式中:t 表示信号持续时间长度;f 表示信号频率;τ 表示时间延迟。

谱图能够描述信号的能量随着时间和频率同时变化的情况,谱图和短时傅里叶变换一样,简单、易于实现、无交叉干扰项,但是时间分辨率和频率分辨率仍然受不确定性原理约束。

(3)维格纳分布(WVD)。维格纳分布是一种能量型时频分布,比 STFT 具有更好的时频分辨率。

信号 $x(t)$ 的 WVD 定义如下:

$$\mathrm{WVD}(t,f)=\int_{-\infty}^{\infty} x\left(t+\frac{\tau}{2}\right) x^*\left(t-\frac{\tau}{2}\right) \mathrm{e}^{-\mathrm{j}2\pi f\tau}\,\mathrm{d}\tau \tag{6.6}$$

对于单分量信号,WVD 具有良好的时频聚集性,但是对于多分量的非平稳信号,如跳频信号,WVD 会存在严重的交叉干扰项。为了降低 WVD 中的交叉干扰项,对 WVD 进行了改进,对 WVD 加一个频域窗,在 WVD 的基础上进行频域平滑,起到了低通滤波的作用,于是产生了伪维格纳分布(PWVD)。PWVD 的定义如下:

$$\mathrm{PWVD}(t,f)=\int_{-\infty}^{\infty} h(\tau)x\left(t+\frac{\tau}{2}\right) x^*\left(t-\frac{\tau}{2}\right) \mathrm{e}^{-\mathrm{j}2\pi f\tau}\,\mathrm{d}\tau \tag{6.7}$$

平滑伪维格纳分布(SPWVD)是在 PWVD 的基础上衍生出来的,相当于在 WVD 的基础上分别进行时域平滑和频域平滑。SPWVD 的定义如下:

$$\mathrm{SPWVD}(t,f)=\int_{-\infty}^{\infty}\int_{-\infty}^{\infty} h(\tau)g(v)x\left(t+\frac{\tau}{2}-v\right) x^*\left(t-\frac{\tau}{2}-v\right) \mathrm{e}^{-\mathrm{j}2\pi f\tau}\,\mathrm{d}\tau\mathrm{d}v$$

$$\tag{6.8}$$

SPWVD 能够有效地减少交叉干扰项的影响,但是计算复杂度也变得很高。

上面介绍了几种常见的时频分析方法,从理论分析可知,时频分析方法的性能越好,则其运算量就越大。表 6.2 给出了几种常见的时频分析方法的运算量,其中 N 表示接收信号的总采样点数,L 表示时域窗函数处理长度,H 表示频域窗函数处理长度。

表 6.2　常见时频分析方法的运算量对比

时频分析方法	运算量(乘法次数)
STFT	$(NL\log_2 L)/2+NL$
谱图	$(NL\log_2 L)/2+2NL^2$
WVD	$(N\log_2 N)/2+2N$
PWVD	$(NL\log_2 L)/2+2NL$
SPWVD	$(NLH\log_2 L)/2+2NLH$

6.3.2　基于时频分析的跳频参数盲估计传统方法

由于跳频信号是典型的非平稳信号,所以对跳频信号进行处理需要利用时频分析工具。时频图可以反映出跳频信号的频率随着时间变化的特征,因此可以利用时频图来完成跳频信号参数估计,图 6.4 是某无人机跳频信号的时频图。

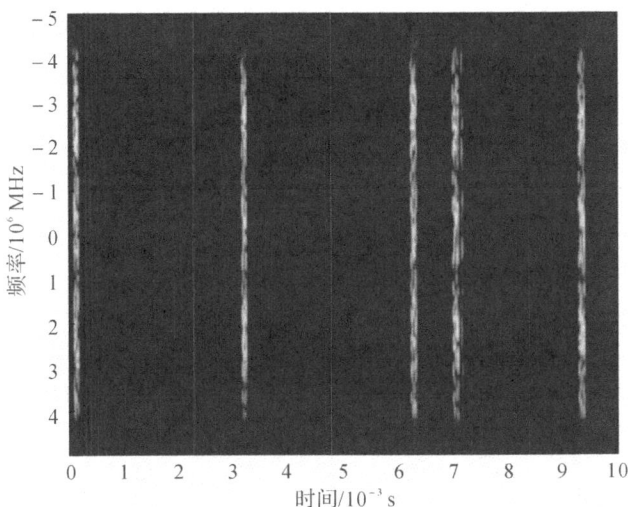

图 6.4　跳频信号时频图

(1)跳速估计。从图 6.4 中可以看出,跳频信号的时频图特征很明显,跳频频率处的时频值远远大于环境中的噪声时频值,因此可以根据这个特征来进行参数估计。

1)对跳频信号做时频变换,得到时频分布 $\mathrm{TFR}(t,f)$。

2)提取 $\mathrm{TFR}(t,f)$ 的时频脊线 $V(t)$,即每个时间点对应的最大频率值,提取方法为

$$V(t) = \max_f \{\mathrm{TFR}(t,f)\} \tag{6.9}$$

3)对 $V(t)$ 进行差分运算,得到差分序列 $d(t)$ 并进行归一化,有

$$d(t) = V(t) - V(t-1) \tag{6.10}$$

4)设置门限 V_{th},将大于门限 V_{th} 的值作为频率的跳变时刻,由此估计得到跳频信号的跳变时刻序列,记作 $\mathrm{Hop\_time}(i)$,$i=1,2,\cdots,K$,K 表示有跳频时刻统计值。利用跳频时刻序列便可以得到跳频信号的跳频周期值,进一步

换算便可以得到跳频速率。

跳频周期：

$$T_H = \frac{1}{K} \sum_{i=1}^{K-1} \left[\mathrm{Hop\_time}(i+1) - \mathrm{Hop\_time}(i) \right] \tag{6.11}$$

跳频速率：

$$V_H = \frac{1}{T_H} \tag{6.12}$$

（2）跳频时刻估计。跳频时刻指的是跳频信号频率发生改变的时刻，之前已经估计出跳频信号的周期 T_H 值，利用之前得到的跳变时刻序列 $\mathrm{Hop\_time}(i)$，可以得到跳变时刻估计值。

起始跳频时刻估计值为

$$T_0 = \left\{ \sum_{i=1}^{K} \mathrm{Hop\_time}(i) - \frac{(K-1)KT_H}{2} \right\} / K \tag{6.13}$$

第 n 跳的起始跳频时刻估计值为

$$T(n) = T_0 + (n-1)T_H \tag{6.14}$$

（3）跳频频率估计。根据已经估计得到的跳频周期和跳频时刻来估计跳频频率。每一跳的频率就是该周期内时频脊线频率值的平均数。假设每一跳频时刻对应时频脊线图的位置是 $\mathrm{loc}(i)$：

$$f_H(i) = \mathrm{mean}[V(\mathrm{loc}(i):\mathrm{loc}(i+1)] \tag{6.15}$$

式中：$\mathrm{mean}[\cdot]$ 表示对多个结果求平均。

（4）仿真实验与分析。跳频信号的频率变化范围为 $20 \sim 80 \ \mathrm{kHz}$，频率间隔为 $5 \ \mathrm{kHz}$，跳频周期为 $1 \ \mathrm{ms}$；采样频率为 $200 \ \mathrm{kHz}$，采样时间为 $5 \ \mathrm{ms}$；信噪比变化范围为 $-10 \sim 8 \ \mathrm{dB}$，每个信噪比下做 500 次蒙特卡罗仿真实验。跳速估计误差如图 6.5 所示。

图 6.5 表示用 5 种时频分析方法（WVD、PWVD、STFT、谱图、SPWVD）分别在不同信噪比条件下对跳频信号的跳速进行估计。从图 6.5 中可以观察得到，使用 SPWVD 时频分析方法估计的跳速相对误差（RE）最小，即使用 SPWVD 进行跳速估计精确度最高。STFT 和谱图这两种时频分析方法估计得到的跳速精确度基本一致，估计精度略低于 SPWVD 的估计精度，但远远高于 WVD 和 PWVD 这两种时频分析方法。WVD 和 PWVD 这两种时频分析方法得到的跳速估计误差非常大，这是因为 WVD 和 SPWVD 这两种时频分析方法是二次时频分布，其中会存在交叉干扰项，这些干扰项直接影响跳速的估计。

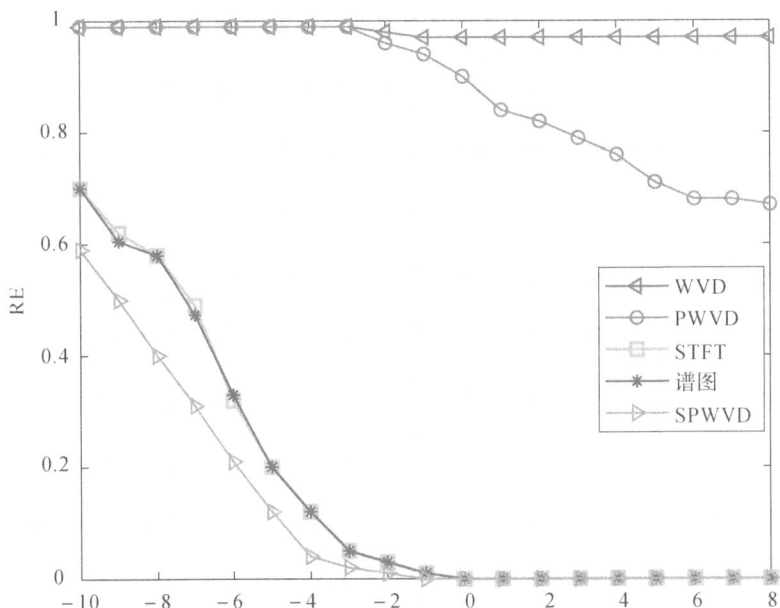

图 6.5 跳速估计误差

6.3.3 基于功率谱估计的无人机信号盲检测方法

基于功率谱估计的无人机信号检测方法的主要思想是利用无人机传输信号和定频信号的功率谱随时间变化之间的不同,利用功率谱对消可剔除定频信号的干扰,此方法的好处是计算量小,在硬件上的实现比较容易,不需要提前知道跳频信号的特征参数(跳频周期、跳频图案、跳频速率、调制类型、符号率)的情况下,有着很好的检测性能,但缺点是在复杂的电磁环境下,只能剔除定频信号的干扰,还有其他许多干扰信号无法解决。

(1)检测步骤及流程图(见图 6.6)。

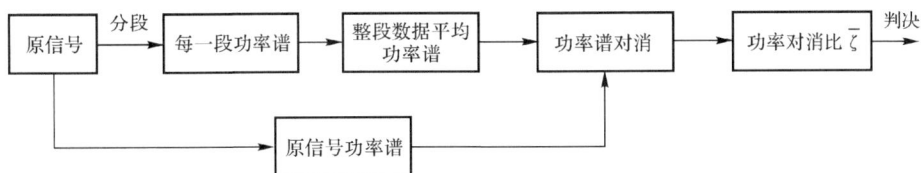

图 6.6 检测步骤和流程

1)将接收数据分段(分段数影响检测效果);

2)计算每一段数据的功率谱及整段数据的平均功率谱;

3)计算原信号功率谱,并与整段数据的平均功率谱相减;

4)计算功率对消比 $\bar{\zeta}$,并与设定的门限值 $\bar{\eta}$ 比较判断。

(2)场景仿真及结果性能分析。

设置仿真条件(频率不碰撞)如下:

1)跳频信号:跳频频率为 $34\sim100$ MHz,频率间隔为 2 MHz,共 34 个跳频频点,一个跳周期为 14 ms,混入假性高斯白噪声,信噪比为 10 dB。

2)定频信号:频率为 20 MHz 和 32 MHz 的 AM 信号,采样时间是 476 ms,同样混入高斯白噪声,信噪比为 10 dB。

仿真结果如图 6.7 所示。图 6.7(a)表示 AM 信号和跳频信号混合信号的功率谱。图 6.7(b)表示数据分段后,计算每一段数据的功率谱,并计算平均功率谱。可以看出,整段信号的平均功率谱大大降低了跳频信号的功率,而 AM 信号的功率基本不变。图 6.7(c)表示对消后的功率谱,通过图 6.7(a)和图 6.7(b)的相减可以获得只剩下跳频信号的功率谱。同时可以获得功率对消比 $\bar{\zeta}=0.003\ 1$,满足远远小于 1 的条件,此方法可以很好地剔除定频信号。

不同参数条件下的算法性能分析:在保持截取数据长度等其他参数相同的情况下,分段数分别取 10 段和 20 段,进行功率对消比比较,由图 6.8 可知,分段数越大,功率对消比越小,检测性能越好。

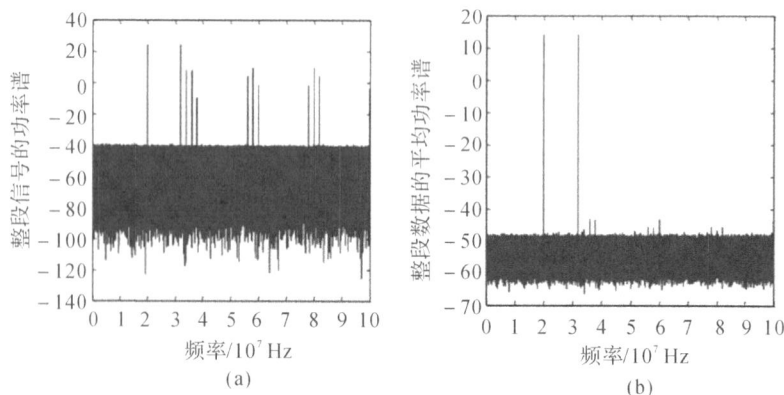

图 6.7 功率谱对消

(a)原信号功率谱; (b)平均功率谱

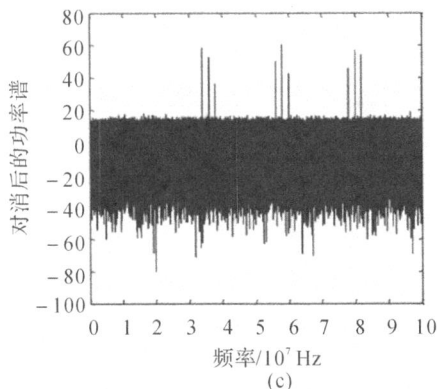

图 6.7　功率谱对消

(c)对消后功率谱

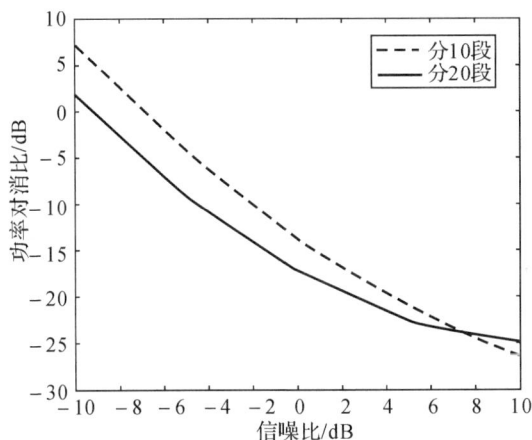

图 6.8　检测性能曲线

6.4　微型无人机信号特征分析

当前微型无人机图传信号链路调制主要采用 OFDM 调制方式,有以下重要的特征:一是无人机设备的图传信号带宽基本固定,带宽宽度与下行数据链路的数据率有关。以某型号无人机为例,其最大码流为 40 Mb/s,码率一般为 0.5~17.5 Mb/s,理论模拟带宽为 8 MHz,实际测试时,信号带宽为18 MHz

左右。二是无人机遥控信号的频谱上升沿十分陡峭，与 Wi-Fi 调制方式的通信信号差别明显。实际测试时，某型号无人机的图传信号的频谱上升沿为 1.5 MHz 左右。三是无人机图传信号频谱中拥有多个子信道，由于在发射前进行了子信道隔离，因此各信道之间区分度较高。实际测试时，精灵 3 无人机的图传信号的子信道数目在 30 个以上。本节将对微型无人机遥控信号频域特征和图传信号频域特征进行简要分析。

6.4.1 微型无人机遥控信号频域特征分析

首先，将遥控器放置于接收设备探测范围内，将无人机放置于接收设备探测范围外，采集无人机遥控信号。然后，对遥控信号进行时频分析等处理，获取其基本特征参数。典型的波形如图 6.9 所示，无人机遥控信号时频图如图 6.10 所示。

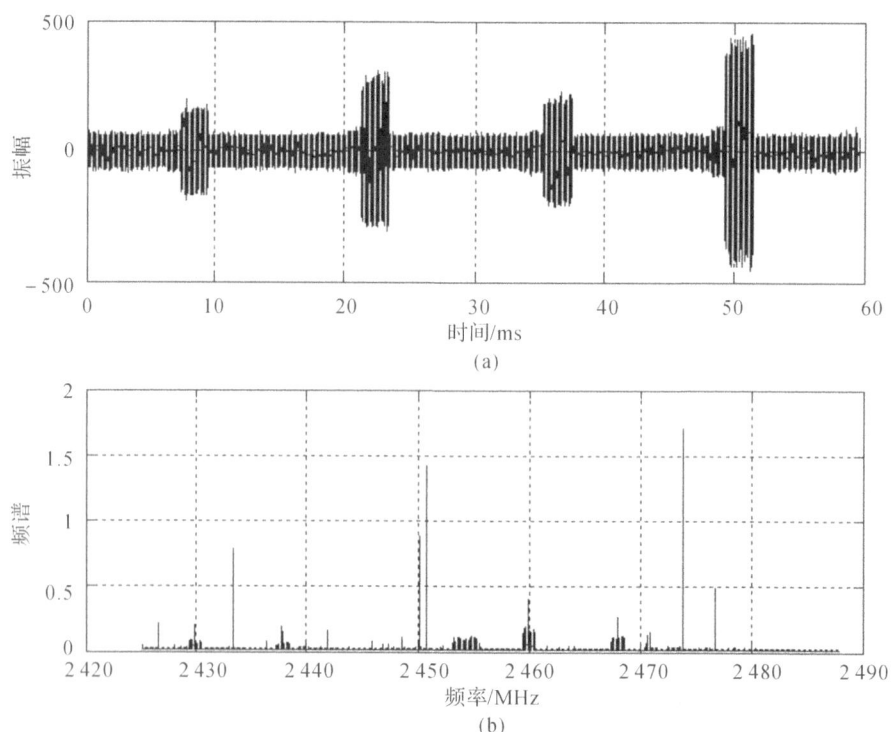

图 6.9　无人机遥控信号波形及频谱

(a)波形；　(b)频谱

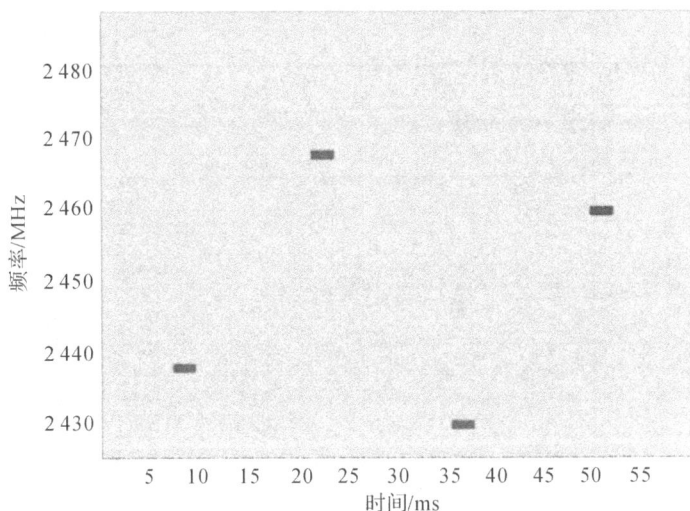

图 6.10　无人机遥控信号时频图

　　为分析测控信号的跳频规律,增加采集数据时长,经测量多个连续周期的测控脉冲,测得测控脉冲和图传脉冲的重复周期均为 14 ms。二者间隔出现,没有混叠部分。某型号无人机的测控跳频点一共 34 个,最小的为 2 404 MHz,最大的为 2 470 MHz。其基本规律是从 2 470 MHz 开始,先按 −38 MHz、+30 MHz 的规律跳变 4 次,而后按 +30 MHz 跳变 1 次,接着照此规律继续跳变,直到 2 440 MHz 时 +30 MHz 跳变到 2 470 MHz,依此循环。

　　具体频点规律如下(单位:MHz)。

2 470→2 432→2 462→2 424→2 454→2 416→2 446→2 408→2 438→2 468→2 430→2 460→2 422→2 452→2 414→2 444→2 406→2 436→2 466→2 428→2 458→2 420→2 450→2 412→2 442→2 404→2 434→2 464→2 426→2 456→2 418→2 448→2 410→2 440

　　跳频序列时序图如图 6.11 所示。

　　图 6.11 表明,无人机遥控信号重复周期是 28 ms。无人机的测控信号由两部分组成,包括一个单频头脉冲和以头脉冲频点为中心的窄带调制数据脉冲,其脉冲宽度分别为 1.05 ms 和 2.165 ms,其带宽约为 1.2 MHz,但其中心频点在不断跳变,是典型的跳频信号。

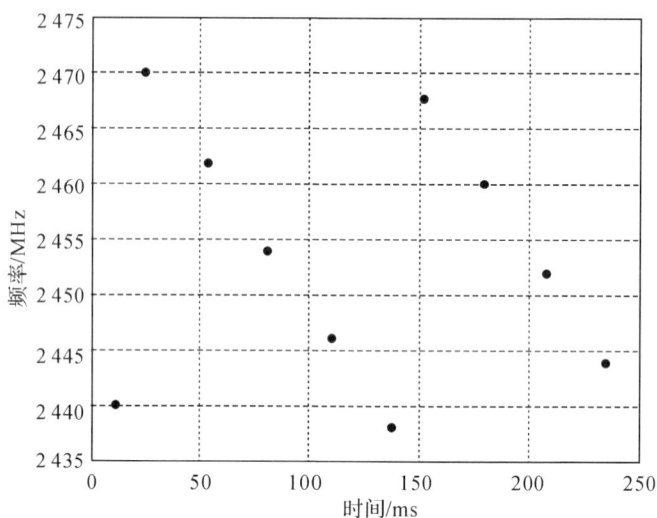

图 6.11　无人机跳频序列时序图

6.4.2　微型无人机图传信号频域特征分析

将无人机与其遥控器开机并保证二者通视,将无人机放置于接收设备探测范围内,中间无任何遮挡,将遥控器放置于接收设备探测范围外,仅对无人机图传信号进行采集。之后对图传信号进行时频分析等处理,获取其基本特征参数,其时域波形图及时频图分别如图 6.12 和图 6.13 所示。

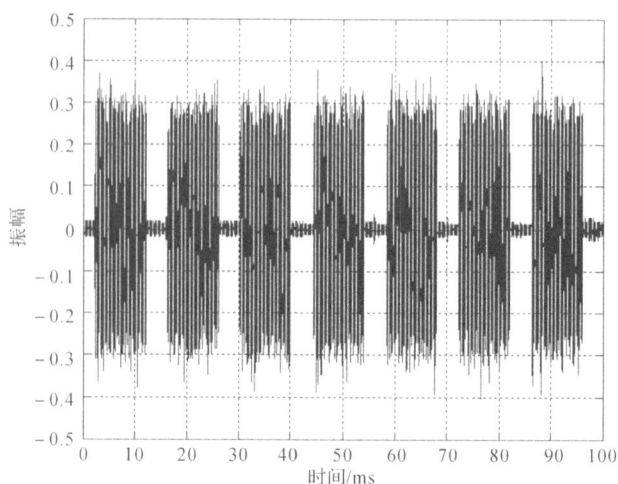

图 6.12　某型号无人机图传信号时域波形图

　　由图 6.13 可知,无人机图传信号具有明显的周期特性,是周期的脉冲信号。经粗略测量估计:时域上,其脉冲重复周期约为 14 ms,脉冲宽度约为 10 ms;频域上,其频谱中心约为 2.406 5 GHz,带宽约为 10 MHz。经过多次测试可知,无人机图传信号的频谱可能根据实际空域的信道占用情况发生跳变,但其跳变信道频点有限,且其他部分参数保持不变,而这些基本的特征参数与同频段其他通信信号的特征存在一定差异,这为无人机图传信号的识别和提取提供了基础,比如载频特性、稳定的脉冲重复周期及脉宽参数等,均可作为图传信号的识别特征。

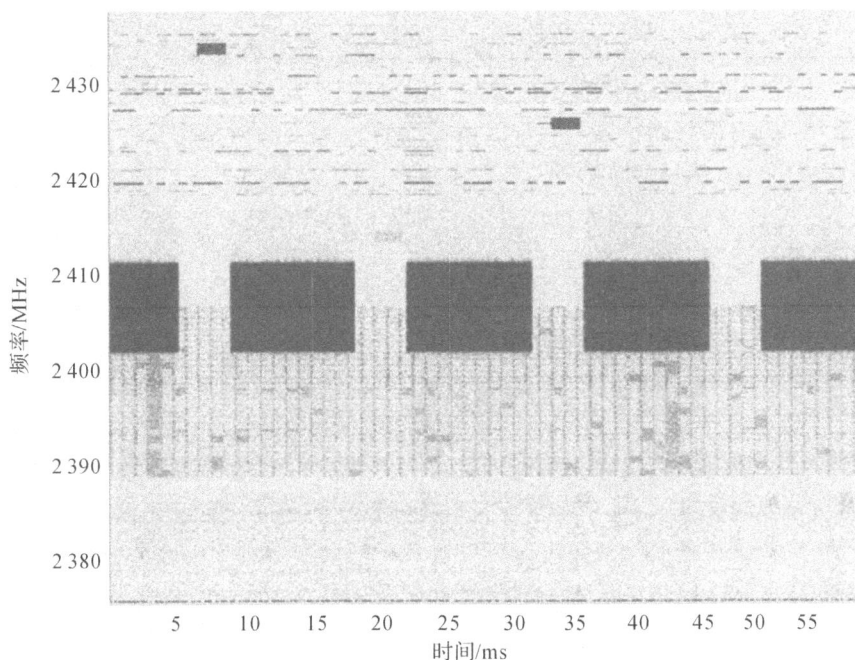

图 6.13　某型号无人机图传信号时频图

6.5　基于时频双包络特性的无人机微弱信号检测及提取技术

　　被动的无源探测手段是无人机管控行业常用的技术之一。其优点主要包括:一是可以做到全时的态势监控,资源消耗少,有利于重点场所区域的管控;二是被动的无源探测设备不辐射电磁波,不会对周围电磁环境造成影响,不会对军用、民用电磁频段造成干扰,不存在频点资源冲突的问题,也便于地方无线电管理委员会部门的监管。然而,无人机自身的电磁特性给无源探测带来了极大挑战。中小型无人机辐射功率低,其图传信号和遥测信号功率量级为毫瓦级别,周围大功率的 Wi-Fi 信号、通信信号等同频段干扰信号多,难以采用常规包络检测的方法进行检测。

6.5.1 基于无源探测技术的无人机探测的可行性

目前,市面上无人机探测通常采用被动无源探测的技术路线,大部分集中在近距离(小于 3 km)无人机的探测和发现上,随着距离的增加和周围电磁环境的复杂度提升,无人机的探测效能下降。本章提出基于时频双包络特性曲线方法,在相同辐射功率条件下,无人机与侦测距离站大于 15 km 时仍能实现对于其微弱信号的检测及提取。本技术可以解决的问题包括:一是解决复杂电磁环境中(脉冲密度高于 10 万脉冲/s)对于远距离无人机的发现和检测问题;二是解决检测到无人机信号后准确从接收到的帧数据中分离出无人机脉冲信号的问题。本技术是在采集的无人机信号分析过程中,针对无人机信号时域包络检测和提取不出、同频干扰信号多等情况进行算法改进,旨在提升算法对于无人机的检测和信号提取效能。

6.5.2 跳频信号分析处理技术路线

本书采取的跳频信号分析处理技术包括中频信号的带通滤波技术、自适应时域窗宽测算技术、基于时频双包络特性曲线的脉冲检测及提取算法、归一化时频双包络特性曲线双门限计算算法和时域尺度缩放分离脉冲信号的处理技术。考虑实际应用中设备的稳健性和工程的可实现性,本书在常规信号处理的基础上,提取归一化时频双包络特性曲线并设计了自适应双门限检测算法,本技术路线设计的逻辑流程如图 6.14 所示。

(1)带通滤波器:设置参数,对接收的中频数据进行带通处理,抑制带外噪声。

(2)自适应时域窗宽测算:根据信号时域长度和时间、频率分辨率要求,由算法自动设置参数,对已滤波信号进行时频变换。

(3)提取归一化时频双包络特性曲线:对信号的时频变换谱进行处理,提取时频能量"双包络曲线",作为检测微弱信号的基础数据。该算法为本技术的核心算法,其检测性能会在实测数据中进行验证。

(4)包络检波处理:为抑制提取的时频双包络特性曲线内部噪声的影响,

采用改进的包络检波对曲线进行处理,该过程等效于"加窗求加权"的算法思想。但是改进的包络检波算法在运行时效上要远远大于常规的"加窗求加权"的算法思想。

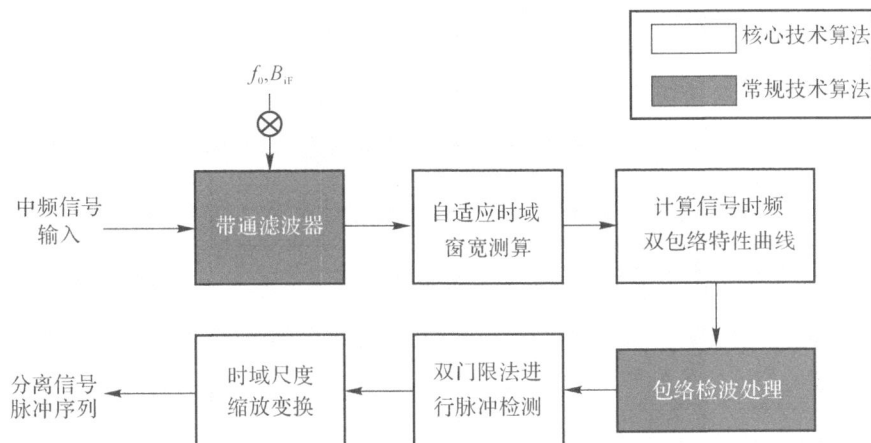

图 6.14　技术路线设计的逻辑流程图

（5）双门限检测算法:考虑到在实际工程应用中,增加系统对于环境不确定性的稳健性,算法基于信号强相关性和噪声弱相关性的特征分布,类比语音信号检测原理,研究双门限脉冲检测算法,为脉冲萃取分离提供支撑。

（6）尺度变换处理:信号时频变换处理中,以信号局部的尺度缩小、降低时域分辨率为代价换取全局的检测效能与运算效率的提高,在检测出脉冲信号的起始位置后,进行尺度等效变换,获取脉冲信号实际的起始和终止位置点,从接收的帧数据中萃取分离脉冲信号。

6.5.3　自适应时频窗宽算法

信号分析的前提是将脉冲信号从接收机截获的帧数据中萃取出来。随着采集设备及其工艺的改进,信号采样率越来越高,对于信号刻画也越来越细致,与此同时不可避免地带来了后期信号提取的复杂度。为满足处理时效性,可将已采集的中频信号按照所需的时域分辨率进行转换。

假设接收机采样频率 f_s 为 50 MHz,0.122 9 s 所采集的数据长度为6 144 000,时域分辨率为 20 ns,进行时频变化及脉冲分离耗时 1.458 s,然实际处理脉冲检测及分离的时域分辨率为微秒级别,其时频包络曲线的时域分辨率更低,因此可将脉冲信号在时频处理模块中进行时间窗处理。假设接收

机采样率为 f_s,时频包络曲线提取处理所需的时域分辨率为 t(常规情况下 t 的取值范围为 $2\sim12\ \mu s$,上述取值区间为多次实际数据测试后满足该算法的经验值)。

时频窗宽度值的计算与时频包络曲线所需的时域分辨率、信号采样率和数据分析长度相关,采样频率越高,采样数据时域分辨率越高,数据长度越长。时域分辨率越高,时频窗宽度值越小,程序运行时间也就越长。虽然可以满足脉冲检测需求,但是运行时间长,实时处理能力受限。反之,时域分辨率越低,时频窗宽度值越大,程序运行时间也就越短。具体情况见表 6.3。

表 6.3   自适应时频窗宽算法运算效率评估表

采样频率/MHz	采样数据时域分辨率/ns	数据长度	时频包络曲线所需的时域分辨率/μs	时频窗宽度值	运行时间/s	是否满足脉冲检测需求
50	20	6 144 000	0.02	1	>50	满足
			2.56	256	2.61	满足
			5.12	512	1.38	满足
			10.24	1 024	0.773	满足
			20.48	2 048	0.48	不满足

注:硬件基础为 RAM 16GB Core(TM)i7-7700CPU。

6.5.4   基于时频双包络特性曲线的脉冲检测及提取算法

复杂电磁环境中快速的检测和提取出脉冲信号是开展目标参数估计、识别和定位的基础。在信噪比较小的环境中,信号的时域包络被噪声"淹没",难以被有效提取,虽然可以从频域上判定确实存在脉冲信号,但是无法从时域上进行分离。针对这一实际的技术问题,本技术基于脉冲信号的时频分布特性,提出了基于时频双包络特性曲线的脉冲检测算法,算法主要设计流程如图 6.15 所示。

具体步骤如下。

(1)对帧信号时域包络进行包络检波,提取时域包络线。

(2)根据时域要求的分辨率计算时频窗宽度,对帧信号进行时频变换,获得帧信号时频变换矩阵。

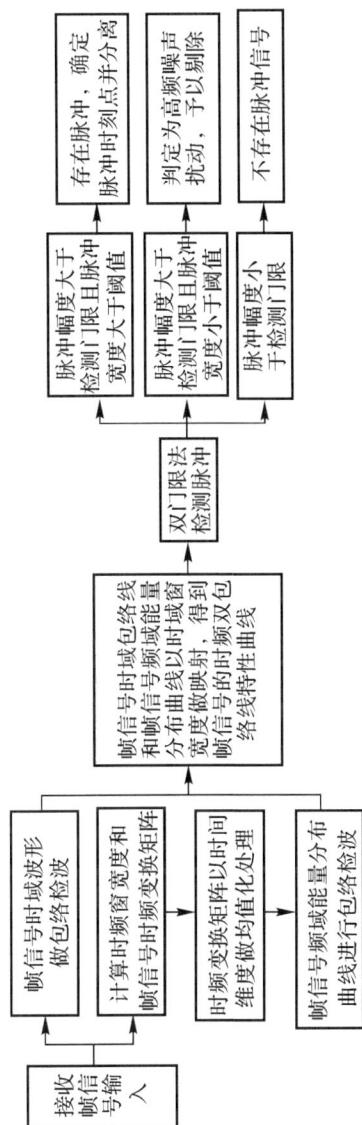

图6.15 基于时频双包络特性曲线的脉冲检测算法流程图

（3）对帧信号时频变换矩阵以时间维度做均值化处理,得到帧信号各时刻点的频域能量的分布曲线。

（4）对帧信号频域能量分布曲线进行包络检波,去除高频抖动带来的误差。

（5）帧信号时域包络线和帧信号频域能量分布曲线以时频窗宽度做映射,进行时频对准,得到帧信号的时频双包络特性曲线。

（6）采用双门限法计算脉冲检测门限,判定是否存在脉冲信号。

（7）若存在脉冲信号,确定脉冲起始与终止时刻点,从帧信号中进行分离,完成脉冲检测和分离。

为检验算法的鲁棒性,以实际截获的某帧信号进行处理,如图 6.16 和图 6.17 所示。从图 6.16 中可以看出,截获的帧信号共有 4 个脉冲,包括 2 个宽脉冲和 2 个窄脉冲,从左至右依次编号为 1、2、3、4,其中 2 号和 4 号为宽脉冲,1 号和 3 号为窄脉冲。帧信号时频分布特征明显,其中时域分布参数见表 6.4。

表 6.4　帧信号分离的脉冲时域参数统计表

参数	脉冲序号			
	1 号脉冲	2 号脉冲	3 号脉冲	4 号脉冲
起始时间/s	0.051 2	0.053 3	0.102 3	0.104 8
终止时间/s	0.052 2	0.057 3	0.103 9	0.108 8
脉宽宽度/s	0.001 0	0.004 0	0.001 6	0.004 0

注:自适应时域分辨率为 20.48 μs,时频窗宽度值为 2 048,耗时 0.428 6 s。

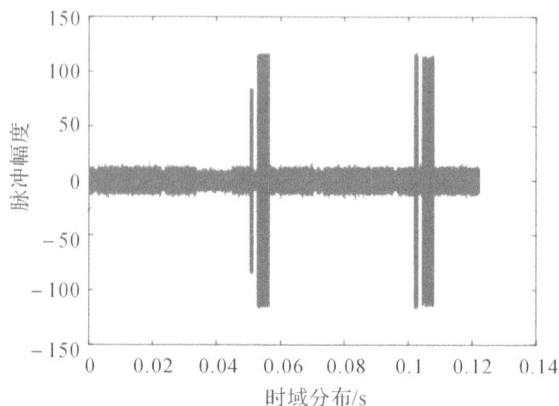

图 6.16　截获的帧脉冲信号时域分布

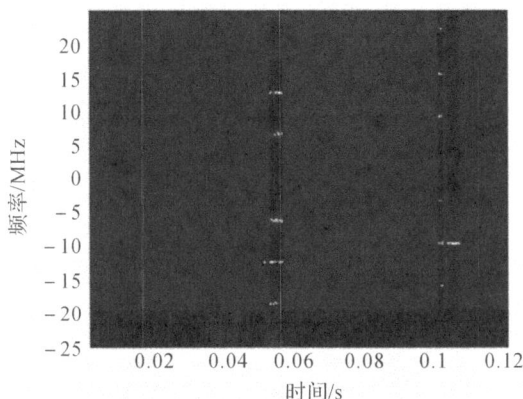

图 6.17　帧脉冲信号时频分布

对上述帧信号进行高斯加噪。1 号和 3 号窄脉冲已经完全"淹没"在背景噪声中,2 号和 4 号宽脉冲仅有部分包络显现,其时域分布和时频分布特性图分别如图 6.18 和图 6.19 所示。

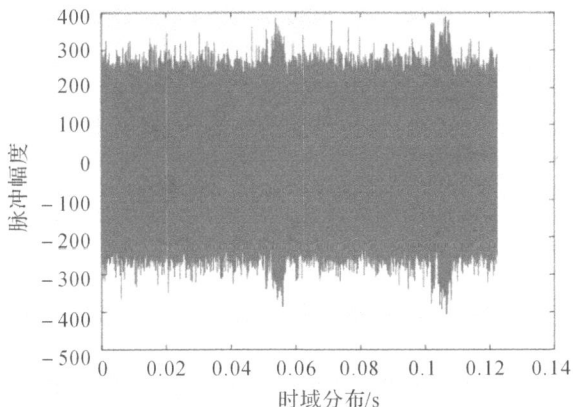

图 6.18　加噪后的帧脉冲信号时域分布

依靠频域或时域能量分布难以快速有效检测和分离出脉冲信号,会对后续信号处理造成影响,故采用时频双包络特性曲线的脉冲检测算法对加噪后的帧信号进行处理。基于帧信号的频域能量,结合其时域包络特征,得到时频归一化双包络特性曲线,如图 6.20 所示。

基于时频归一化双包络特性曲线进行时频对准,确定存在脉冲信号的时刻点,脉冲信号时域分布参数见表 6.5。

表 6.5   脉冲信号时域分布参数

参数	脉冲序号			
	1 号脉冲	2 号脉冲	3 号脉冲	4 号脉冲
起始时间/s	0.051 2	0.053 3	0.102 2	0.104 7
起始时间误差/μs	37.12	16.62	37.12	37.12
终止时间/s	0.052 3	0.057 3	0.103 9	0.108 9
终止时间误差/μs	16.62	57.6	37.12	16.64
脉宽宽度/s	0.001 1	0.004 1	0.001 6	0.004 1

注：自适应时域分辨率为 20.48 μs，时频窗宽度值为 2 048，耗时 0.524 4 s。

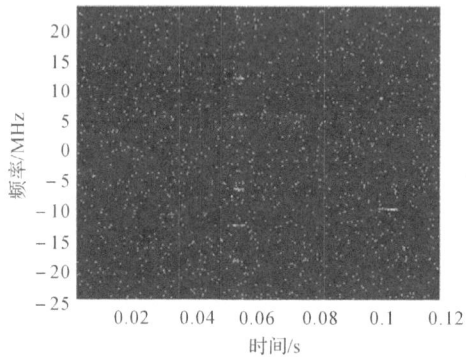

图 6.19   加噪后的帧脉冲信号时频分布

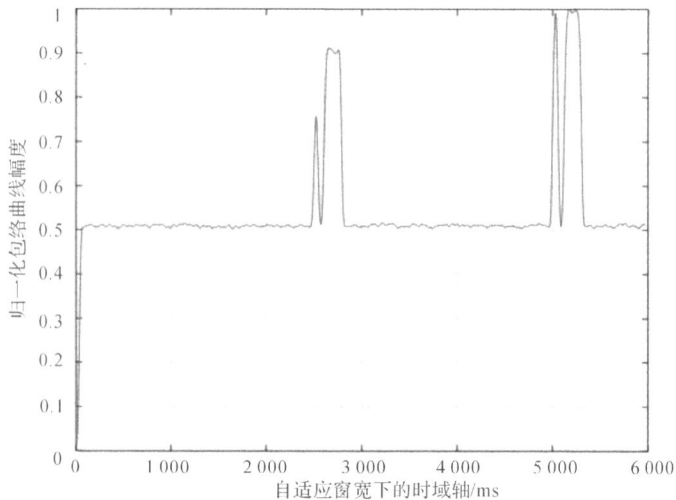

图 6.20   时频归一化双包络特性曲线

分析可知,基于时频归一化双包络特性曲线的脉冲检测算法可以有效检测和分离出脉冲信号,在自适应时域分辨率为 20.48 μs 参量下,脉冲起始时间误差和终止时间误差可以有效地控制在 3 个时频窗宽度内,脉冲起始时间数量级与时间误差数量级在 1 300 以上。考虑到 3 dB 门限截取带来的误差,该算法满足脉冲分离的要求。

实测数据证明,在低信噪比环境下,基于时频归一化双包络特性曲线检测和分离脉冲的算法具有较强的适应性和稳健性。

6.5.5　归一化时频双包络特性曲线双门限计算算法

双门限法是基于短时平均能量和短时过零率提出的,在语音检测识别领域应用较多。考虑当无人机远距离进行图传信号传输时,信号功率衰减特性和噪声中语音衰减特性机理特征相同,因此在计算得到归一化时频双包络特性曲线后,以此为输入计算脉冲检测门限。主要步骤如下:

(1)第一级判决。计算双包络特性曲线的均值 M 和能量 V,在时频双包络特性曲线上选取一个较高的阈值 T_1 进行粗判,高于阈值 T_1 的则判为语音信号,脉冲起止点应位于该阈值与短时能量包络交点所对应的时间点之外。

(2)第二级判决。在平均能量 V 上确定一个较低的阈值 T_2,并以 T_1 为中心进行左右两端遍历搜索,分别找到短时能量包络与阈值 T_2 相交的时刻点,这两个点便是脉冲信号的起止点。

以某次采集的实测帧信号为例,计算归一化时频双包络特性曲线的脉冲检测门限。图 6.21 为实测帧信号的归一化时频双包络特性曲线及检测门限分布图,图 6.22 为加噪后帧信号的归一化时频双包络特性曲线及检测门限分布图。

将图 6.21 和图 6.22 对比可知:受到噪声影响,归一化时频双包络特性曲线能量基底被明显抬高。双门限检测算法可以较好地适应噪声带来的影响,准确地检测出脉冲的存在和计算出脉冲起止时刻点。

6.5.6　实测数据验证

实测数据验证主要是以实侦数据为样本,以实际电磁环境作为背景噪声,基于公式推导理论,采用高斯加噪的方法,对实侦数据进行脉冲信号检测和分离。主要验证两个方面:一是低信噪比环境下无人机信号快速检测和分离能力验证;二是实侦数据处理的时效性能力验证。

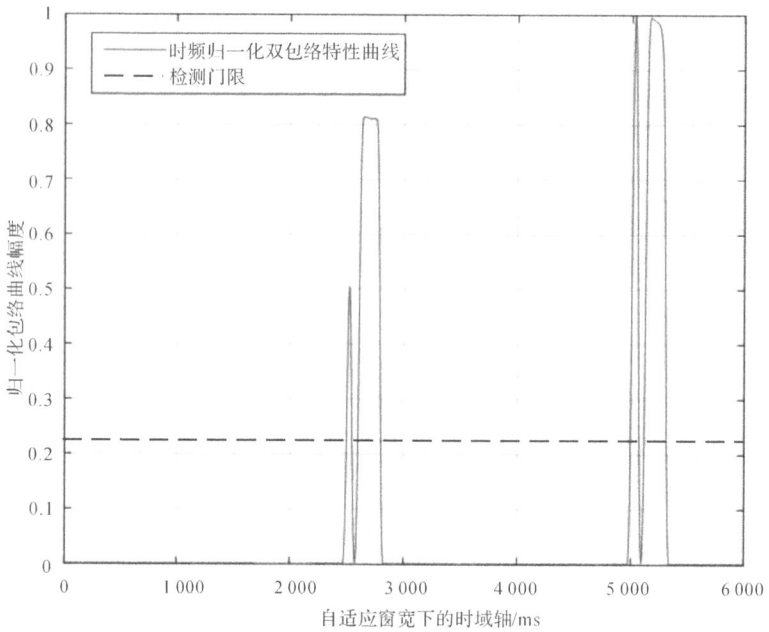

图 6.21　实测帧信号的归一化时频双包络特性曲线及检测门限分布图

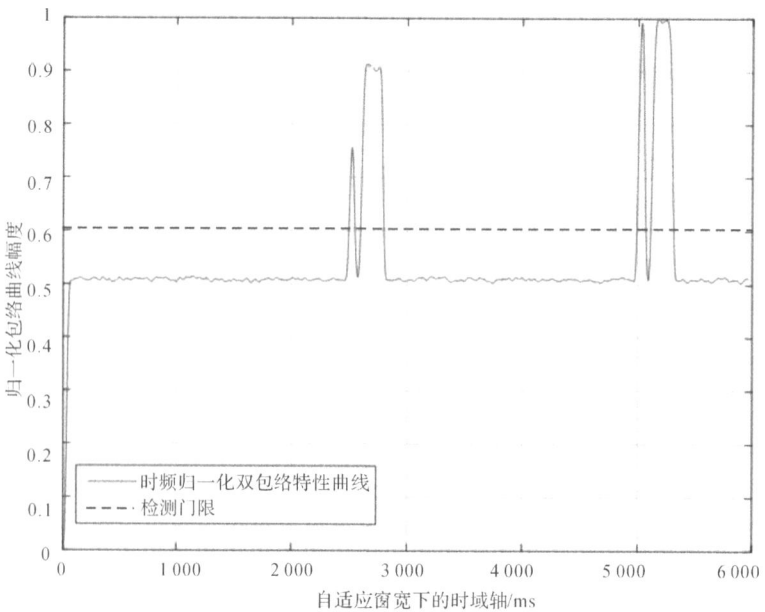

图 6.22　加噪后帧信号的归一化时频双包络特性曲线及检测门限分布图

采集环境介绍:采集设备采样率为 50 MHz,无人机距接收器 6 km,经过射频前端处理后信号信噪比为 0.8 dB,信号采集时长为 0.409 6 s,具体处理参数见表 6.6。

表 6.6　无人机信号采集参数

采样率 MHz	距离 km	信噪比 dB	信号采集时长 s	信号处理时长 s	脉冲数 个	脉冲宽度 s
50	6	0.8	0.409 6	10.22	8	0.004 2

时域分布、时频特性分布和归一化时频双包络特性曲线如图 6.23～图 6.25所示。

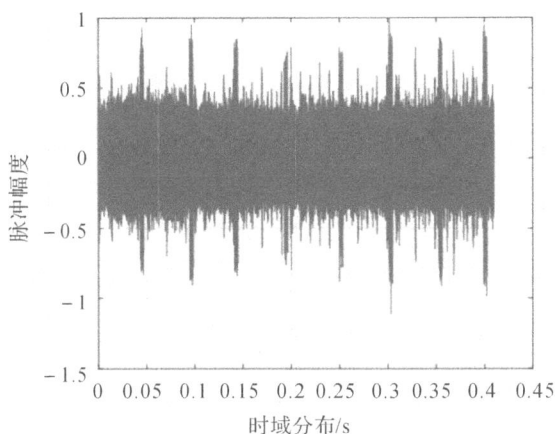

图 6.23　实际截获帧信号的时域分布

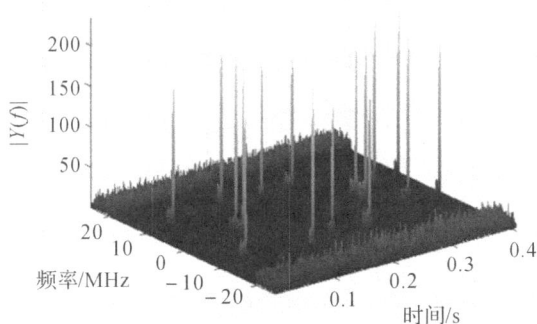

图 6.24　实际截获帧信号的时频特性分布

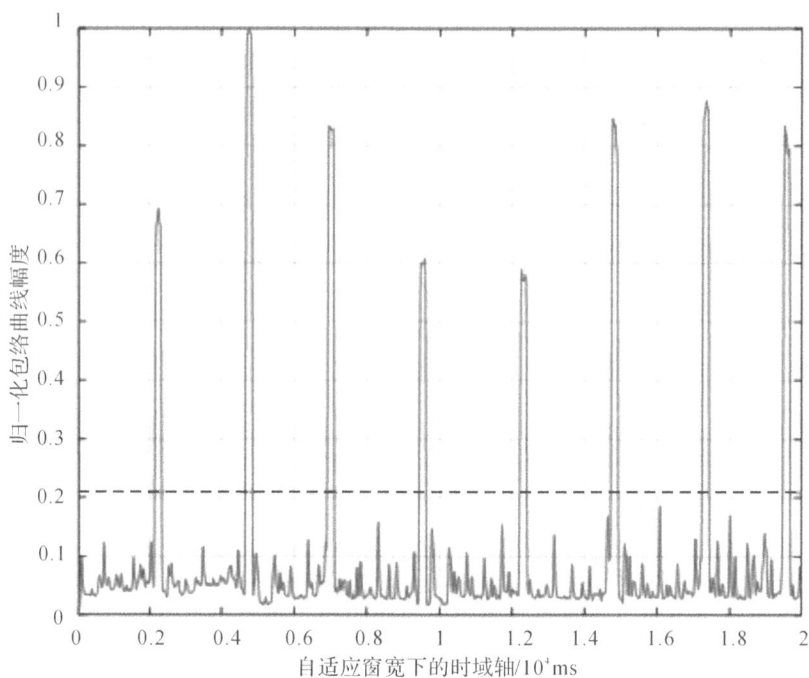

图 6.25　实际截获帧信号归一化时频双包络特性曲线

分析可知,截获的脉冲信号时频域特性分布明显,共计 8 个脉冲。在外界环境和接收设备不变的情况下,推导帧信号信噪比和距离之间的关系,结果见表 6.7。

表 6.7　信噪比和距离之间的关系

参数	数值							
信噪比/dB	0.8	0	−0.5	−1	−2	−3	−4	−5
距离/km	6.16	7.53	8.95	10.35	13.79	18.40	24.53	32.71

6.5.7　低信噪比环境下无人机信号快速检测和分离能力验证

对实侦数据进行高斯加噪,模拟无人机信号功率随距离增加而衰减的情况。考虑到当下市场在售的民用无人机图传距离不大于 15 km,因此最低信噪比设置为−5 dB。不同信噪比下脉冲信号检测及分离的效能见表 6.8。

表 6.8　不同信噪比(距离)下脉冲信号检测及分离的效能

参数	数值						
信噪比/dB	0.8	0	—1	—2	—3	—4	—5
距离/km	6	7.53	10.35	13.79	18.40	24.53	32.71
帧信号时长/s	0.409 6						
截获脉冲数/个	8	8	8	8	8	8	0
脉冲宽度/s	0.004 2	0.004 2	0.004 1	0.004 1	0.004 0	0.004 0	—
能否检测分离	可分离	可分离	可分离	可分离	可分离	可分离	不可分离

图 6.26~图 6.37 列举了部分信噪比(距离)下脉冲信号时域波形和归一化时频双包络特性曲线图。

(1)当信噪比为 0 dB 时,如图 6.26~图 6.28 所示,无人机距接收器 7.53 km,截获 8 个脉冲信号,脉冲宽度为 0.004 2 s,同实际情况相符。这表明算法在该距离上具备脉冲信号检测和分离能力。

(2)当信噪比为 —2 dB 时,如图 6.29~图 6.31 所示,无人机距接收器 13.79 km,截获 8 个脉冲信号,脉冲宽度为 0.004 1 s,同实际情况相符。这表明算法在该距离上具备脉冲信号检测和分离能力。

(3)当信噪比为 —4 dB 时,如图 6.32~图 6.34 所示,无人机距接收器 23.54 km,截获 8 个脉冲信号,脉冲宽度为 0.004 0 s,同实际情况相符。这表明算法在该距离上具备脉冲信号检测和分离能力。

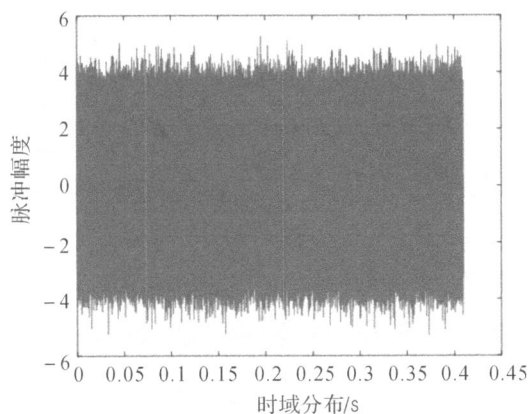

图 6.26　实际截获帧信号的时域分布(信噪比为 0 dB)

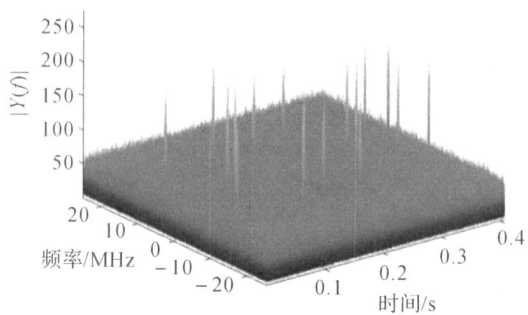

图 6.27　实际截获帧信号的时频特性分布(信噪比为 0 dB)

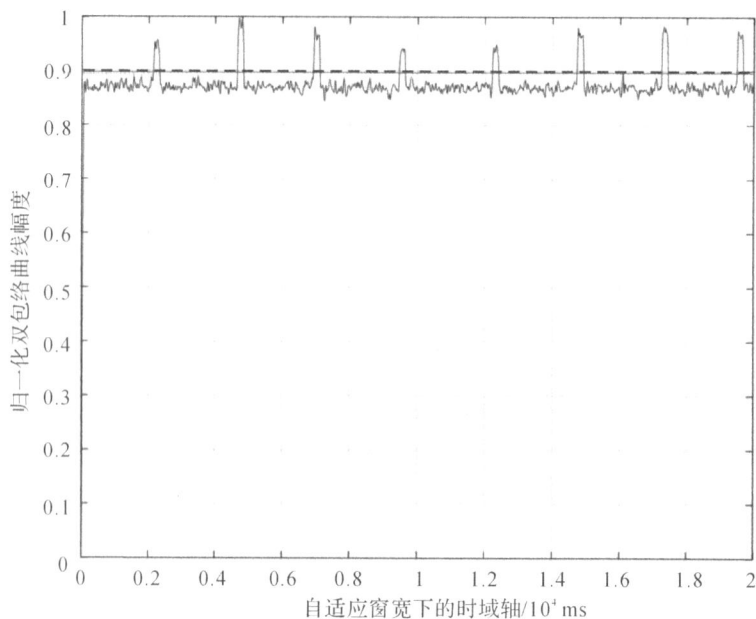

图 6.28　实际截获帧信号归一化时频双包络特性曲线(信噪比为 0 dB)

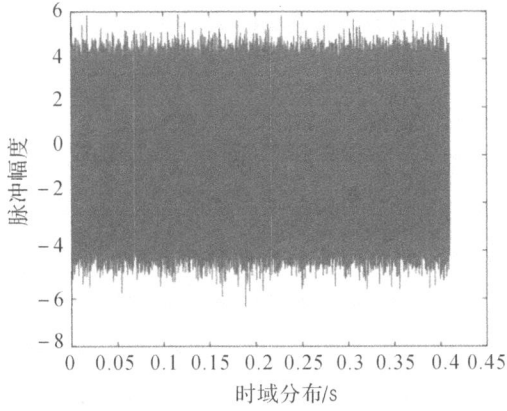

图 6.29　实际截获帧信号的时域分布(信噪比为－2 dB)

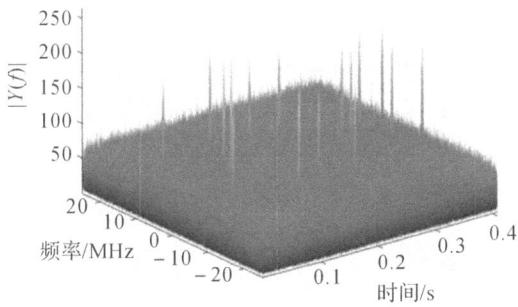

图 6.30　实际截获帧信号的时频特性分布(信噪比为－2 dB)

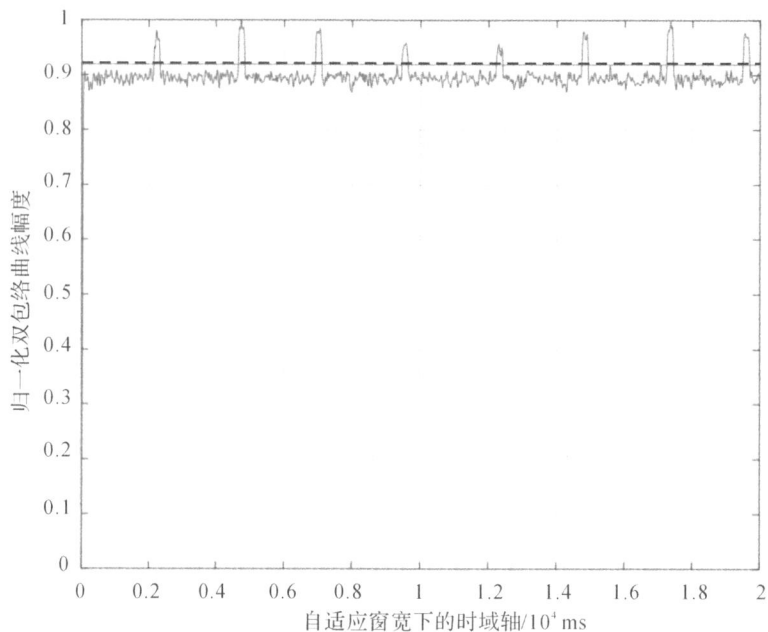

图 6.31　实际截获帧信号归一化时频双包络特性曲线(信噪比为－2 dB)

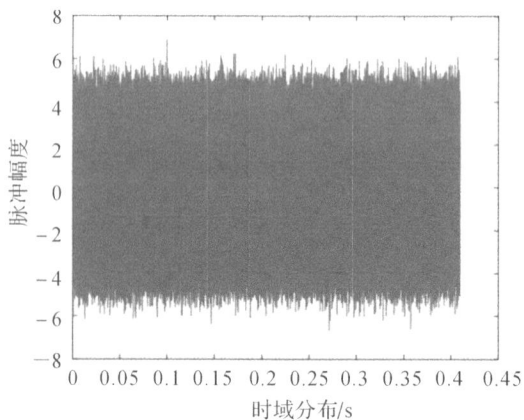

图 6.32　实际截获帧信号的时域分布(信噪比为－4 dB)

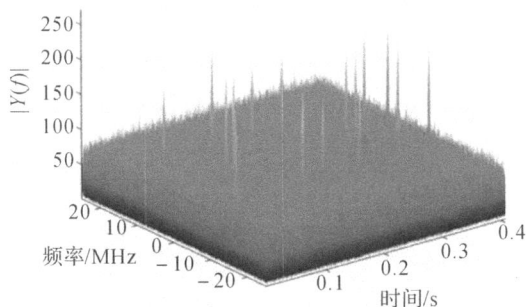

图 6.33　实际截获帧信号的时频特性分布（信噪比为－4 dB）

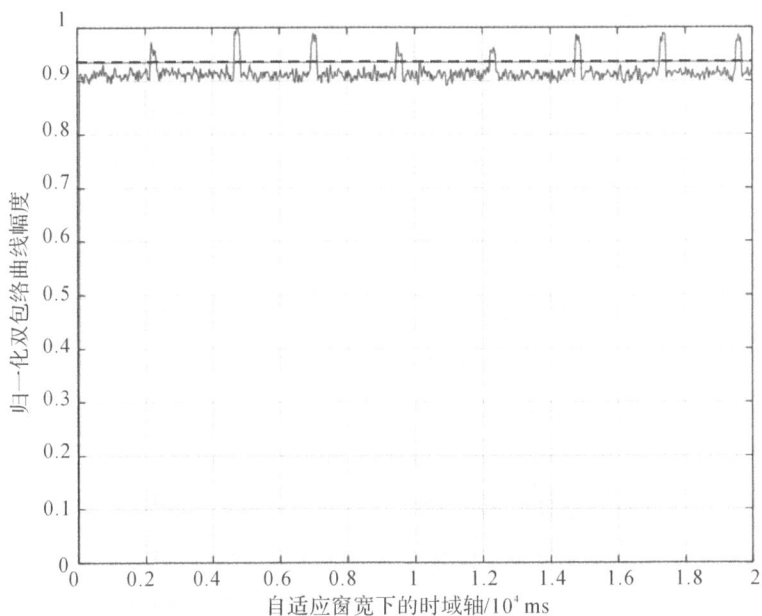

图 6.34　实际截获帧信号归一化时频双包络特性曲线（信噪比为－4 dB）

（4）当信噪比为－5 dB 时，如图 6.35～图 6.37 所示，无人机距接收器 32.71 km，由于信噪比较低，频域和时域特征完全被噪声"淹没"，因此无法检测和识别出脉冲信号。

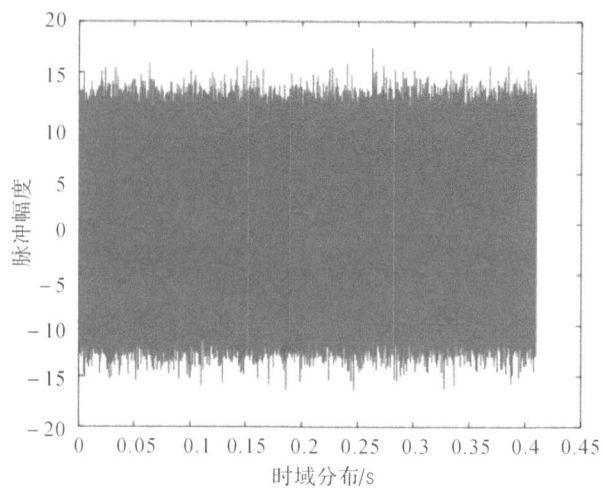

图 6.35　实际截获帧信号的时域分布（信噪比为－5 dB）

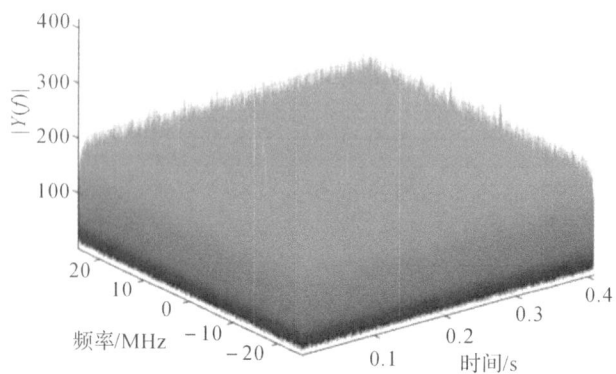

图 6.36　实际截获帧信号的时频特性分布（信噪比为－5 dB）

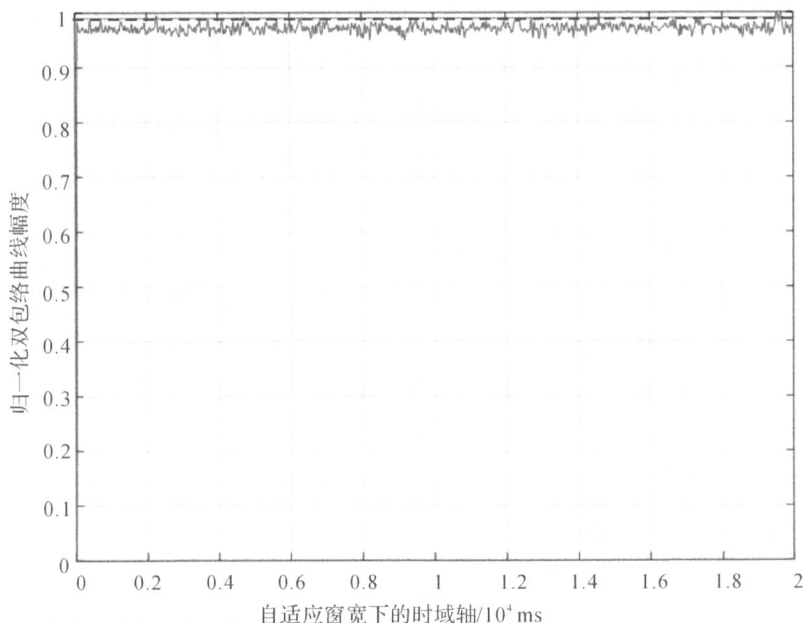

图 6.37　实际截获帧信号归一化时频双包络特性曲线(信噪比为−5 dB)

分析可知:当无人机距离目标大于 7.53 km 且小于 24 km 时,虽然时域波形及时域包络已完全检测不出信号,但是时频双包络特性曲线依然能够检测并分离出脉冲信号,当距离大于 30 km 时,当前无人机侦测设备截获脉冲信号频域和时域特征完全被噪声"淹没",无法有效检测和分离。同时当下市场在售的民用无人机图传距离不大于 15 km,本算法在 24 km 的范围内均可以完成对于无人机信号的检测,覆盖了民用无人机的活动范围,且经过实际数据测试,本算法稳定性较强。

6.5.8　低信噪比环境下无人机信号快速检测和分离时效性分析

在实际无人机侦测中,不仅要准确检测和分离出脉冲信号,对于时效性的要求也较高。以上述截获的脉冲数据为例,在 AD9371 芯片上进行处理。在硬件环境一定的情况下,影响硬件处理时效的因素主要包括算法自身的处理效能和脉冲分辨率的要求。定义时效比(TB)为

$$TB = 数据时长(s)/处理时长(s)$$

时效比越小,说明硬件处理速度越快,算法的实时处理效果越好,时效性越强。不同时域分辨率要求下某型号芯片的处理速度见表 6.9。

表 6.9　某型号芯片的处理速度

时域分辨率/μs	时频窗宽度值	运行时间/s	时效比
2.56	256	1.92	4.67
5.12	512	1.00	2.41
10.24	1 024	0.536	1.30
20.48	2 048	0.308	0.75

注:采样数据点为 20 480 000 个,时长为 0.409 6 s,信号脉冲宽度为 0.004 2 s。

分析可知:随着时域分辨率要求的降低,硬件处理时长减少,算法时效性增强,且整体运行稳定,满足实际工程装备需求。

6.5.9　小结

本算法具有如下特点:一是根据用户所需的时域分辨率自行调节时域处理窗宽,基于交互式时频变换处理的方法,完成对于采集信号时域包络和频域能量的"双包络曲线"的提取;二是基于包络检波的处理手段,对提取的"双包络曲线"进行二次处理,消除噪声等高频信号的干扰影响,以信号局部的尺度缩放换取全局的检测效能;三是研发基于时频"双包络曲线"的双门限自适应门限检测算法,根据信号能量分布及噪声能量分布的特点自行设置门限,完成对于信号的检测;四是通过时域处理窗宽映射变换,从接收到的帧数据中完成对于信号的提取和分离。

技术优势如下:一是本技术提升了目前市场对于无人机探测发现的距离,实验数据验证本技术可以截获 15 km 外的无人机信号,可以有效地增加反制无人机的准备时间;二是本技术通过尺度变换从截获的帧数据中萃取分离了无人机脉冲信号,为后续进行参数测量、无人机定位和建立信号样本数据库提供了可靠的数据基础;三是本技术通过采用自适应门限设置,不需过多人为因素的干预,提升了系统的稳健性和可靠性。

本技术工程可行性主要体现在算法在实际设备中的可嵌入、可移植、可更换、可兼容的特性,是算法与实际工程设备融合能力的分析,主要包括以下方面:一是算法设计的稳定性。本算法采用常规的信号处理算法并针对性地进行改进和创新,实测数据分析算法稳定性较好,测试过程没有程序逻辑错误、数据格式错误等问题,算法的稳定性较好,适合进行工程应用。二是算法转换的可行性。本算法采用常规数理逻辑,且相关信号处理算法在 FPGA 开发上已趋于成熟,本算法完全可以用于进行 FPGA 的硬件开发,提升算法性能,满足工程应用。三是算法转换后与设备其他软件的兼容性。本算法是对常规信号处理算法的改进和升级,不存在与其他信号软件不兼容、不共存的问题,本算法的成果可用于目标定位、参数估计以及数据库的建立和完善,因此工程应用上完全可以做到与设备其他软件的兼容。

本技术还具有很丰富的商业价值:一是本技术可以实现远距离检测、截获微弱无人机信号的功能。随着技术的成熟,无人机在距离目标大于 5 km 时即可实现对于重点场所区域信息的获取,而当前无人机探测设备在大于 5 km 时对于无人机的检测效能大为降低,本技术可大幅度提高目前市场上反无人机设备的效能;二是本技术采用深度学习的算法进行脉冲提取,可为后续对于"黑飞"的识别定位提供准确的脉冲信号,解决多站时差定位、单站测向定位中脉冲检测不出的问题;三是本技术通过截获无人机脉冲信号,辅助相应的设备进行无人机信号的分析,建立无人机信号参数样本库,为数据库建立提供了准确的数据基础。

第7章 结论与展望

跳频通信保密性好、抗干扰能力强,在军事通信中应用广泛,如战术电台、卫星链路、数据链等。跳频技术的应用对通信对抗侦察提出了严峻挑战,研究对跳频信号截获、处理的新方法具有重要意义。为了解决跳频信号侦察处理中存在的问题,本书分别针对单通道均匀采样跳频信号跳周期估计、单通道压缩采样跳频信号时频分析及跳时刻估计、多通道跳频信号实时处理、基于欠定盲分离的跳频网台分选、无人机跳频信号特征分析等五个问题进行了研究。本书的主要工作和创新点归纳如下:

(1)针对单通道均匀采样跳频数据,在常规时频分析方法的基础上,提出了基于时频图修正方法的跳周期估计算法。该算法在修正时频图时充分利用了跳频信号时频图应具有的双重时频稀疏性,具有较强的信噪比适应能力,提高了跳周期估计精度,且能够适用于多网台跳频混合信号。利用本书方法获取的时频图不仅可以估计跳频周期,还可以获取跳时刻、频率集等参数。

(2)针对单通道压缩采样跳频数据,提出了基于AL0算法的压缩采样跳频信号时频分析方法和基于IOMP的跳时刻精确估计方法。结合两个方法能够实现宽带跳频信号的快速截获和跳时刻的精确估计。基于AL0算法的压缩采样跳频信号时频分析方法能够有效抑制噪声且不存在交叉干扰项,对高斯随机矩阵压缩采样和非均匀采样的跳频数据都能取得很好的效果,且能适应多网台跳频信号混合的情况。基于IOMP的跳时刻精确估计方法对均匀采样、压缩采样跳频数据都能取得很好的跳时刻估计效果,同样适用于多网台跳频信号混合的情况。该方法给宽带跳频信号的截获和参数估计提供了新的解决思路。

(3)针对阵列多通道接收的超定跳频数据,提出了基于ARMA模型与粒子滤波相结合的跳频信号实时处理方法。该方法能够实时检测跳时刻,并在较短的时间内完成跳频信号频率和DOA的重新估计。该方法能够适应同步和异步网台,成功地实现了对多网台跳频信号频率和角度信息的实时处理,对跳频信号干扰的实时分离与抑制具有较大的借鉴价值。

（4）针对在欠定情况下接收的多网台跳频混合数据，提出了基于欠定盲分离的跳频网台分选方法。该方法不需要进行时频单源点检测，提高了混合矩阵估计的成功率和精度，放宽了原有算法的稀疏性假设，允许在任意时频点上同时存在的源信号数等于阵元数。

（5）针对常规无人机图传信号和遥控信号跳频特征进行了分析，给出了利用时频分析算法进行参数估计的方法，为无人机信号识别提供了技术支撑。

跳频信号侦察处理技术是通信对抗领域的难点，其中仍存在较多问题值得进一步深入研究和实践，笔者认为以下几个方向有待进一步研究：

（1）跳频技术抗截获能力不断提高，正在向变跳速、自适应跳频方向发展。因此，有必要紧盯跳频技术的发展，进一步研究变跳速、自适应跳频系统的处理技术。

（2）跳频技术与直扩体制或其他多址方式相结合，通信可靠性进一步提高，使得侦察难度增大。要获取混合跳频系统的通信情报，就必须研究混合跳频体制的参数估计技术，特别是跳频/直扩体制、跳频/FDMA、跳频/TDMA 等。

（3）压缩感知理论可应用于信号处理的多个领域，是当今研究的热点问题之一，将压缩感知用于跳频信号的截获和参数估计具有重要的意义，有必要进一步研究压缩感知理论在跳频信号侦察处理中的应用。

（4）当进行跳频信号 DOA 估计时，不仅要考虑频率跳变的影响，还要考虑天线阵列通道误差的影响，如阵元位置误差、通道不一致性和互耦效应等。有必要进一步研究阵列误差条件下跳频信号的 DOA 估计方法。

（5）稀疏分量分析是解决欠定跳频网台盲分选问题的主要方法，本书方法仅利用跳频信号的时频稀疏特性，如何根据跳频信号的其他特性进一步提高信号的稀疏程度，用尽可能少的通道完成欠定跳频网台分选值得进一步探讨。

（6）基于时频分析的无人机信号特征提取与识别，可以从常规参数的角度识别无人机的类型，但面对蜂群无人机时，如何做到个体识别值得进一步研究。

参 考 文 献

[1] TORRIERI D J. Mobile frequency-hopping CDMA system[J]. IEEE Transactions on Communications，2000，48(8)：1318-1327.

[2] BARBAROSSA S. Parameter estimation of spread spectrum frequency hopping signals using time-frequency distributions[C]//First IEEE Signal Processing Workshop on Signal Processing Advances in Wireless Communications. Paris：IEEE，1997：213-216.

[3] 赵俊，张朝阳，赖利峰，等. 一种基于时频分析的跳频信号参数盲估计方法[J]. 电路与系统学报，2003，8(3)：46-50.

[4] 郑文秀，赵国庆，罗勇江. 跳频信号的跳速估计[J]. 系统工程与电子技术，2006，28(10)：1500-1501.

[5] 郭艺，张尔扬，沈荣骏. 跳频信号时-频域分析与参数盲估计方法[J]. 信号处理，2007，23(2)：210-213.

[6] 张曦，杜兴民，朱礼亚. 基于 Gabor 谱方法的跳频信号时频分析[J]. 数据采集与处理，2007，22(6)：150-155.

[7] 张曦，杜兴民，朱礼亚. 基于重排 SPWVD 的跳频信号参数提取方法[J]. 计算机工程与应用，2007，43(15)：144-147.

[8] 郭汉伟，梁甸农，董臻. 不同时频分析方法综合检测信号[J]. 信号处理，2003，19(6)：586-589.

[9] ANGELOSANTE D，GIANNAKIS G B. Estimating multiple frequency-hopping signal parameters via sparse linear regression[J]. IEEE Transactions on Signal Processing，2010，58(10)：5044-5056.

[10] ANGELOSANTE D，GIANNAKIS G B，SIDIROPOULOS N D. Multiple frequency hopping signal estimation via sparse regression[C]//2010 IEEE International Conference on Acoustics，Speech and Signal Processing. Dallas：IEEE，2010：3502-3505.

[11] JIA Y. The detection of frequency hopping signal using compressive sensing[C]//2009 International Conference on Information Engineering and Computer Science. Wuhan: IEEE, 2009: 1 - 4.

[12] 朱文贵, 徐佩霞. 一种短波跳频信号盲检测和参数盲估计的方法[J]. 小型微型计算机系统, 2009, 30(3): 560 - 564.

[13] 陈利虎, 张尔扬. 基于数字信道化和空时频分析的多网台跳频信号 DOA 估计[J]. 通信学报, 2009, 30(10): 68 - 74.

[14] 翟海莹, 杨小牛, 王文勇. 基于盲源分离的跳频网台分选[J]. 中国电子科学研究院学报, 2008, 3(4): 398 - 402.

[15] 陈超, 高宪军, 李德鑫. 基于独立分量分析的混叠跳频信号分离算法[J]. 吉林大学学报(信息科学版), 2008, 26(4): 347 - 351.

[16] 姚富强. 通信抗干扰工程与实践[M]. 2 版. 北京: 电子工业出版社, 2012.

[17] TSUI J. Digital techniques for wideband receivers [M]. Boston: Artech House, 2001.

[18] PROAKIS J G. Digital coummunications[M]. New York: McGraw-Hill, 2001.

[19] SWAMI A, SADLER B M. Hierarchical digital modulation classification using cumulates[J]. IEEE Transactions on Communications, 2000, 48(3): 416 - 429.

[20] 范海波, 杨志俊, 曹志刚. 卫星通信常用调制方式的自动识别[J]. 通信学报, 2004, 25(1): 140 - 149.

[21] KOH B S, LEE H S. Detection of symbol rate of unknown digital communication signals[J]. Electronic Letters, 1993, 29 (3): 278 - 279.

[22] URKOWITZ H. Energy detection of unknown deterministic signal [J]. Proceedings of the IEEE, 1967, 55(4): 523 - 531.

[23] BEAULIEU N C, HOPKINS W L, MCLANE P J. Interception of frequency-hopped spread-spectrum signals[J]. IEEE Journal on Selected Areas in Communications, 1990, 8(5): 853 - 870.

[24] CHUNG C D. Generalized likelihood-ratio detection of multiple-hop frequency-hopping signals[C]//MILCOM'91. McLean: IEEE, 1991: 527 - 531.

[25] LEHTOMAKI J J. Maximum based detection of slow frequency hopping signals[J]. IEEE Communications Letters，2003，7（5）：201－203.

[26] NEMSICK L W，GERANIOTIS E. Adaptive multichannel detectionof frequency hopping signals[J]. IEEE Transactions on Communications，1992，40(9)：1502－1511.

[27] DILLARD R A，DILLARD G M. Likelihood-ratio detection of frequency-hopped signals[J]. IEEE Transactions on Aerospace and Electronic Systems，1996，32(2)：543－553.

[28] MILLER L E，LEE J S. Frequency-hopping signal detection using partial band coverage[J]. IEEE Transactions on Aerospace and Electronic Systems，1993，29(2)：540－553.

[29] POLYDOROS A，WOO K T. LPI detection of frequency-hopping signals using autocorrelation techniques[J]. IEEE Journal on Selected Areas in Communications，1985，3(5)：714－726.

[30] KIM K，LEE J A. M-hop interception of FH/LPI signals using autocorrelation techniques[C]//Fourth IEEE Region 10 International Conference TENCON. Bombay：IEEE，1989：266－269.

[31] 杨宏娃. 复杂电磁环境下跳频信号的检测技术[C]//第十二届电子对抗学术年会论文集. 北京：中国电子学会，2001：475－479.

[32] LUAN H Y. Blind detection of frequency hopping signal using time-frequency analysis[C]//2010 6th International Conference on Wireless Communications Networking and Mobile Computing (WiCOM). Chengdu：IEEE，2010：1－4.

[33] CHUNG C D，POLYDOROS A. Detection and hop-rate estimation of random FH signals via autocorrelation technique[C]//MILCOM' 91. Mclean：IEEE，1991：345－349.

[34] CHUNG C D，POLYDOROS A. Parameter estimation of random FH signals using autocorrelation techniques[J]. IEEE Transactions on Communications，1995，43(2)：1097－1106.

[35] OSADCIW L A，TITLEBAUM E L. Synchronization improvements using traceability in spread spectrum signal design[J]. IEEE Transactions on Aerospace Electronic System，2001，37（4）：

1142 – 1154.

[36] CHUNG C D. Performance analysis of a slow FH/MFSK acquisition scheme in random partial-band noise jamming[J]. IEEE Proceedings Communication, 1994, 141(6): 396.

[37] JANANI M, VAKILI V T, JAMALI H. The modified autocorrelation technique for parameter estimation of random FH signals[C]//1998 Fourth International Conference on Signal Processing. Beijing: IEEE, 1998: 188 – 190.

[38] 王粒宾, 崔琛. 跳频信号参数盲估计技术综述[J]. 通信对抗, 2012, 31(1): 50 – 56.

[39] MALLAT S G, ZHANG Z. Matching pursuits with time-frequency dictionaryies[J]. IEEE Transactions on Signal Processing, 1993, 41 (12): 3397 – 3415.

[40] 袁伟明, 王敏, 吴顺君. 一种新的 Costas 跳频信号盲参数估计算法 [J]. 电路与系统学报, 2007, 12(4): 60 – 63.

[41] FAN H N, GUO Y, FENG X. Blind parameter estimation of frequency hopping signals based on matching pursuit[C]//2008 4th International Conference on Wireless Comunication, Networking and Mobile Computing. Dalian: IEEE, 2008: 1 – 5.

[42] FAN H N, GUO Y, MENG Q W. Blind parameter estimation of frequency hopping signals based on atomic decomposition[C]//2009 First International Workshop on Education Technology and Computer Science. Wuhan: IEEE, 2009: 713 – 716.

[43] 范海宁, 郭英, 艾宇. 基于原子分解的跳频信号盲检测和参数盲估计算法[J]. 信号处理, 2010, 26(5): 695 – 702.

[44] 郭建涛, 王宏远. 基于粒子群算法的跳频信号参数盲估计[J]. 微电子学与计算机, 2009, 26(7): 164 – 167.

[45] DONOHO D L. Compressed sensing[J]. IEEE Transactions on Information Theory, 2006, 52 (4): 1289 – 1306.

[46] CANDÈS E J. Compressive sampling[M]. Madrid: EMS Press, 2006.

[47] CANDÈS E, TAO T. Near-optimal signal recovery from random projections: universal encoding strategies? [J]. IEEE Transactions

on Information Theory，2006，52(12)：5406-5425.

[48] CANDÈS E J. The restricted isometry property and its implications for compressed sensing[J]. Comptes Rendus Mathematique，2008，346(9/10)：589-592.

[49] NEFF R，ZAKHOR A. Very low bit-rate video coding based on matching pursuits[J]. IEEE Transactions on Circuits and Systems for Video Tednology，1997，7(1)：158-171.

[50] DO M N，VETTERLI M. The contourlet transform：an efficient directional multiresolution image representation[J]. IEEE Transactions on Image Processing，2005，14(12)：2091-2106.

[51] SAILEE P，OLSHAUSEN B A. Image denoising using learned overcomplete representations[C]// IEEE International Conference on Image Processing. Barcelona：IEEE，2003：381-384.

[52] GEORGIEV P，THEIS F，CICHOCKI A. Sparse component analysis and blind source separation of underdetermined mixtures[J]. IEEE Transactions on Neural Networks，2005，16(4)：992-996.

[53] LI Y Q，CICHOCKI A，AMARI S. Analysis of sparse representation and blind source separation[J]. Neural Computation，2004，16(6)：1193 1234.

[54] LI Y Q，AMARI S，CICHOCKI A. Underdetermined blind source separation based on sparse representation[J]. IEEE Transactions on Signal Processing，2006，54(2)：423-437.

[55] LI Y Q，CICHOCKI A，AMARI S. Sparse component analysis for blind source separation with less sensors than sources[C]//International Conference on Acoustics，Speech，and Signal Processin. Nara：IEEE，2003：89-94.

[56] STOICA P，BABU P，LI J. SPICE：a sparse covariance-based estimation method for array processing[J]. IEEE Transactions on Signal Process，2011，59(2)：629-638.

[57] LIU Z M，HUANG Z T，ZHOU Y Y. Direction-of-arrival estimation of wideband signals via covariance matrix sparse representation[J]. IEEE Transactions on Signal Processing，2011，59(9)：4256-4270.

[58] WANG J，CHEN L，YIN Z. Array signal MP decomposition and its

preliminary applications to DOA estimation[C]//The Second International Conference on Intelligent Computing. Kunming：[s. n.], 2006：54 – 59.

[59] STOICA P, LI J, HE H. Spectral analysis of nonuniformly sampled data：a new approach versus the periodogram[J]. IEEE Transactions on Signal Processing, 2009, 57 (3)：843 – 858.

[60] BABU P, STOICA P. Spectral analysis of nonuniformly sampled data- a review[J]. Digital Signal Processing, 2010, 20(2)：359 – 378.

[61] BOURGUIGNON S, CARFANTAN H, IDIER J. A sparsity-based method for the estimation of spectral lines from irregularly sampled data[J]. IEEE Journal of Selected Topics in Signal Processing, 2007, 1(4)：575 – 585.

[62] 王军华. 稀疏重构算法及其在信号处理中的应用研究[D]. 长沙：国防科学技术大学, 2012.

[63] TROPP J A, GILBERT A C. Signal recovery from random measurements via orthogonal matching pursuit[J]. IEEE Transactions on Information Theory, 2007, 53(12)：4655 – 4666.

[64] TROPP J. Greed is good：algorithmic results for sparse approximation[J]. IEEE Transactions on Information Theory, 2004, 50(10)：2231 – 2242.

[65] NEEDELL D, VERSHYNIN R. Uniform uncertainty principle and signal recovery via regularized orthogonal matching pursuit [J]. Foundations of Computational Mathematics, 2009, 9(3)：317 – 334.

[66] DAI W, MILENKOVIC O. Subspace pursuit for compressive sensing signal reconstruction[J]. IEEE Transactions on Signal Processing, 2009, 55(5)：2230 – 2249.

[67] DAVENPORT M A, WAKIN M B. Analysis of orthogonal matching pursuit using the restricted isometry property[J]. IEEE Transactions on Information Theory, 2010, 56(9)：4395 – 4401.

[68] CAI T T, WANG L. Orthogonal matching pursuit for sparse signal recovery with noise[J]. IEEE Transactions on Information Theory, 2011, 57(7)：4680 – 4688.

[69] DONOHO D L, HUO X. Uncertainty principles and ideal atomic

decomposition[J]. IEEE Transactions on Information Theory, 2001, 47(7): 2845 - 2862.

[70] CANDÈS E, ROMBERG J, TAO T. Robust uncertainty principles: exact signal reconstruction from highly incomplete frequency information[J]. IEEE Transactions on Information Theory, 2006, 52 (2): 489 - 509.

[71] CANDÈS E, TAO T. The Dantzig selector: statistical estimation when p is much larger than n (with discussion)[J]. Annals of Statistics, 2009, 54(2): 83 - 84.

[72] BICKEL P J, RITOV Y, TSYBAKOV A B. Simultaneous analysis of Lasso and Dantzig selector[J]. The Annals of Statistics, 2009, 37 (4): 1705 - 1732.

[73] CHARTRAND R, STANEVA V. Restricted isometry properties and nonconvex compressive sensing[J]. Inverse Problems, 2008, 24(3): 20 - 35.

[74] MOHIMANI H, BABAIE-ZADEH M, JUTTEN C. A fast approach for overcomplete sparse decomposition based on smoothed l_0 norm [J]. IEEE Transactions on Signal Processing, 2009, 57 (1): 289 - 301.

[75] HYDER M M, MAHATA K. Animproved smoothed l_0 approximation algorithm for sparse representation[J]. IEEE Transactions on Signal Processing, 2010, 58(4): 2194 - 2205.

[76] DONOHO D L. For most large underdetermined systems of linear equations the minimal l_1-norm solution is also the sparsest solution [J]. Communications on Pure and Applied Mathematics, 2006, 59 (6): 797 - 829.

[77] RODRÍGUEZ P, WOHLBERG B. An iteratively reweighted norm algorithm for minimization of total variation functionals[J]. IEEE Signal Processing Letters, 2007, 14(12): 948 - 951.

[78] GORODNITSKY I F, RAO B D. Sparse signal reconstructions from limited data using FOCUSS: a reweighted minimum norm algorithm [J]. IEEE Transactions on Signal Processing, 1997, 45 (3): 600 - 616.

[79] WOLKE R, SCHWETLICK H. Iteratively reweighted least squares: algorithms, convergence analysis, and numerical comparisons[J]. SIAM Journal on Scientific Computing, 1988, 9(5): 907 – 921.

[80] WOLKE R. Iteratively reweighted least squares: a comparison of several single step al gorithms for linear models[J]. BIT Numerical Mathematics, 1992, 32(3): 506 – 524.

[81] WIPF D P, RAO B D, NAGARAJAN S. Latent variable Bayesian models for promoting sparsity[J]. IEEE Transactions on Information Theory, 2011, 57(9), 6236 – 6255.

[82] BABACAN S D, RAFAEL M, AGGELOS K. Bayesian compressive sensing using Laplace priors [J]. IEEE Transactions on Signal Processing, 2010, 19(1): 53 – 63.

[83] FAUL A C, TIPPING M E. Analysis of sparse Bayesian learning [M]//Advances Neural Information Processing Systems 14. Cambridge: MIT Press, 2002: 383 – 389.

[84] LIU X Q, SIDIROPOULOS N D, SWAMI A. Blind high-resolution localization and tracking of multiple frequency hopped signals[J]. IEEE Transactions on Signal Processing, 2002, 50(4): 889 – 901.

[85] LIU X Q, SIDIROPOULOS N D, SWAMI A. Blind separation of FHSS signals using PARAFAC analysis and quadrilinear least squares [C]//2001 MILCOM Proceedings Communications for Network-Centric Operations: Creating the Information Force. McLean: IEEE, 2001: 1340 – 1344.

[86] LIU X Q, SIDIROPOULOS N D, SWAMI A. Joint hop timing and DOA estimation for multiple noncoherent frequency hopped signals [C]//Sensor Array and Multichannel Signal Processing Workshop Proceedings. Rosslyn: IEEE, 2002: 164 – 168.

[87] LIU X Q, SIDIROPOULOS N D, SWAMI A. Code-blind reception of frequency hopped signals over multipath fading channels[C]//2003 IEEE International Conference on Acoustics, Speech, and Signal Processings. Hong Kong: IEEE, 2003: 592 – 595.

[88] LIU X Q, LI Z, SIDIROPOULOS N D. Joint signal parameter estimation of wideband frequency hopped transmissions using 2-D

antenna arrays[C]//IEEE SPAWC.[S. l. ;s. n.], 2003：624 - 628.

[89] LIU X Q, SIDIROPOULOS N D, SWAMI A. Joint hop timing and frequency estimation for collision resolution in FH networks[J]. IEEE Transactions on Wireless Communications, 2005, 4(6)：3063 - 3074.

[90] LIU X Q, LI J L, MA X L. An EM algorithm for blind hop timing estimation of multiple FH signals using an array system with bandwidth mismatch[J]. IEEE Transactions on Vehicular Technology, 2007, 56(5)：2545 - 2554.

[91] LIU X Q. Signal detection and jammer localization in multipath channels for frequency hopping communications [R]. [S. l. ：s. n.], 2005.

[92] ACAR L, COMPTON R T. The performance of an LMS adaptive array with frequency hopped signals[J]. IEEE Transactions on Aerospace and Electronic Systems, 1985, 21(3)：360 - 371.

[93] 陈利虎. 跳频信号的侦察技术研究[D]. 长沙：国防科学技术大学, 2009.

[94] FRESA A, IZZO L, PAURA L. Interception of FH spread-spectrum signals：performance advantages of cycle detectors[C]//Proceedings of the IEEE 1988 National Aerospace and Electronics Conference. Dayton：IEEE, 1988：42 - 46.

[95] 姚勇. 跳频信号的特征提取与网台分选[D]. 西安：西安电子科技大学, 2003.

[96] 高峥. 基于 STFT 的超短波跳频网台信号分选[J]. 电信技术研究, 2004(3)：8 - 14.

[97] 杨宏娃. 一种网台分选算法[J]. 通信对抗, 1999, 67(4)：1 - 7.

[98] 顾晨辉, 王伦文. 一种正交跳频信号动态分选方法[J]. 宇航学报, 2012, 33(11)：1699 - 1705.

[99] 李玉生, 姚富强, 张毅. 跳频正交网台信号分选算法研究[J]. 无线电通信技术, 2005, 31(6)：13 - 15.

[100] 吴凡, 姚富强, 李永贵, 等. 跳频高密度异步网台信号的分选[J]. 电讯技术, 2006, 46(5)：45 - 49.

[101] 雷迎科, 钟子发, 郑大炜. 一种短波非正交跳频网台信号分选方法研

究[J]. 舰船电子工程，2006，26(5)：135-140.

[102] 陆凤波. 复杂电磁环境下的欠定盲源分离技术研究[D].长沙：国防科学技术大学，2011.

[103] LEWICKI M S, SEJNOWKSI T J. Learning overcomplete representation[J]. Neural Computation，2000，12(2)：337-365.

[104] BOFILL P, ZIBULEVSKY M. Underdetermined blind source separation using sparse representations [J]. Signal Processing，2001，81(11)：2353-2362.

[105] BOFILL P, ZIBULEVSKY M. Blind separation of more sources than mixtures using sparsity of their short-time Fourier transform [J]. Proceedings of ICA, 2000(1)：87-92.

[106] KHOR L C, WOO W L, DLAY S S. Non-sparse approach to underdetermined blind signal estimation[C]//2005 IEEE International Conference on Acoustics, Speech, and Signal Processing (ICASSP). Philadelphia：IEEE, 2005：309-312.

[107] VIELVA L, ERDOGMUS D, PANTALEON C, et al. Underdetermined blind source separation in a time-varying environment[C]//2002 IEEE International Conference on Acoustics, Speech, and Signal Processing (ICASSP). Orlando：IEEE, 2002：3049-3052.

[108] TAN B H, YANG Z Y, ZHANG Y J. An underdetermined blind separation algorithm based on fuzzy clustering[C]//The 3rd Intetnational Conference on Innovative Computing Information and Control (ICICIC'08). Dalian：IEEE, 2008：404.

[109] SUN T Y, LAN L E, LIU C C. Mixing matrix identification for underdetermined blind signal separation：using hough transform and fuzzy K-means clustering[C]//2009 IEEE International Conference on Systems, Man, and Cybernetics. San Antonio：IEEE, 2009：1621-1626.

[110] HE Z S, CICHOCKI A. K-EVD clustering and its applications to sparse component analysis[C]//Independent Component Analysis and Blind Signal Separation(ICA 2006). Berlin：Spinger, 2006：90-97.

[111] THEIS F J, LANG E W, PUNTONET C G. A geometric algorithm for overcomplete linear ICA[J]. Neurocomputing, 2004, 56: 381 – 398.

[112] THEIS F J, PUNTONET C G, LANG E W. Median-based clustering for underdetermined blind signal processing[J]. IEEE Signal Processing Letters, 2006, 13(2): 96 – 99.

[113] GEORGIEV P, RALESCU A. Clustering on subspaces and sparse representation of signals[C]//48th Midwest Symposium on Circuits and Systems. Covington: IEEE, 2005: 1843 – 1846.

[114] 谢胜利, 谭北海, 傅予力. 基于平面聚类算法的欠定混叠盲信号分离[J]. 自然科学进展, 2007, 17(6): 795 – 800.

[115] NAINI F M, MOHIMANIA G H, BABAIE-ZEDEH M, et al. Estimating the mixing matrix in Sparse Component Analyss (SCA) based on partial k-dimensional subspace clustering[J]. Neurocomputing, 2008, 71(10/11/12): 2330 – 2343.

[116] ABRARD F, DEVILLE Y. A time-frequency blind signal separation method applicable to underdetermined mixtures of dependent sources[J]. Signal Processing, 2005, 85(7): 1389 – 1403.

[117] 刘琨, 杜利民, 王劲林. 基于时频域单源主导区的盲源欠定分离方法[J]. 中国科学(E辑:信息科学), 2008, 38(8): 1284 – 1301.

[118] PUIGT M, DEVILLE Y. Time-frequency ratio-based blind separation methods for attenuated and time-delayed sources[J]. Mechanical Systems and Signal Processing, 2005, 19(6): 1348 – 1379.

[119] 肖明, 谢胜利, 傅予力. 基于频域单源区间的具有延迟的欠定盲分离[J]. 电子学报, 2007, 35(12): 2279 – 2283.

[120] LEE T W, LEWICKI M S, GIROLAMI M, et al. Blind source separation of more sources than mixtures using overcomplete representations[J]. IEEE Signal Processing Letters, 1999, 6(4): 87 – 90.

[121] WIPF D P, RAO B D. Sparse Bayesian learning for basis selection[J]. IEEE Transactions on Signal Processing, 2004, 52(8): 2153 – 2164.

[122] 谢胜利, 何昭水, 傅予力. 基于稀疏元分析的欠定混叠自适应盲分离方法[J]. 中国科学(E辑: 信息科学), 2007, 37(8): 1086 - 1098.

[123] ZHONG M J, TANG H W, CHEN H J, et al. An EM algorithm for learning sparse and overcomplete representations[J]. Neurocomputing, 2004, 57(3): 469 - 476.

[124] ZHANG Y Y, SHI X Z, CHEN C H. A Gaussian mixture model for underdetermined independent component analysis [J]. Signal Processing, 2006, 86: 1538 - 1549.

[125] HE Z S, XIE S L, DING S X, et al. Convolutive blind source separation in the frequency domain based on sparse representation [J]. IEEE Transactions on Audio, Speech, and Lauguage Processing, 2007, 15(5): 1551 - 1563.

[126] AHARON M, ELAD M, BRUCKSTEIN A. K-SVD: an algorithm for designing overcomplete dictionaries for sparse representation[J]. IEEE Transactions on Signal Processing, 2006, 54 (11): 4311 - 4322.

[127] COMON P. Blind identification and source separation in 2×3 under-determined mixtures[J]. IEEE Transactions on Signal Processing, 2004, 52(1): 11 - 22.

[128] FERRÉOL A, ALBERA L, CHEVALIER P. Fourth-order blind Identification of underdetermined mixtures of sources (FOBIUM) [J]. IEEE Transactions on Signal Processing, 2005, 53 (5): 1640 - 1653.

[129] DE LATHAUWER L, CASTAING J. Blind identification of underdetermined mixtures by simultaneous matrix diagonalization [J]. IEEE Transactions on Signal Processing, 2008, 56 (3): 1096 - 1105.

[130] 王翔. 通信信号盲分离方法研究 [D]. 长沙: 国防科学技术大学, 2013.

[131] CHEN S S, DONOHO D L, SAUNDERS M A. Atomic decomposition by basis pursuit[J]. SIAM Journal Scientific Computing, 1998, 20(1): 33 - 61.

[132] NATARAJAN B K. Sparse approximate solutions to linear systems

[J]. SIAM Journal Scientific Computing, 1995, 24(2): 227 - 234.

[133] CANDÈS E J, ROMBERG J, TAO T. Stable signal recovery from incomplete and inaccurate measurements[J]. Communications on Pure and Applied Mathematics, 2006, 59(8): 1207 - 1223.

[134] ZHANG Y S, KINGSBURY N. Fast l_0-based sparse signal recovery [J]. Machine Learning for Signal Processing, 2010, 29 (1): 403 - 408.

[135] CHARTRAND R, YIN W T. Iteratively reweighted algorithms for compressive sensing[C]//2008 IEEE International Conference on Acoustics, Speech and Signal Processing (ICASSP). Las Vegas: IEEE, 2008: 3869 - 3872.

[136] PICCOLOMINI E L, ZAMA F. An iterative algorithm for large size least-squares constrained regularization problems[J]. Applied Mathematics and Computation, 2011, 217(24): 10343 - 10354.

[137] TIPPING M E. Sparse Bayesian learning and the relevance vector machine[J]. Journal of Machine Learning Research, 2001, 1(3): 211 - 244.

[138] TIPPING M E. The relevance vector machine[J]. Advances in neural information processing systems, 2000, 12: 652 - 658.

[139] ZAYYANI H, BABAIE-ZADEH M, JUTTEN C. An iterative Bayesian algorithm for sparse component analysis in presence of noise[J]. IEEE Transactions on Signal Processing, 2009, 57(11): 4378 - 4390.

[140] FEVOTTE C, GODSILL S J. A Bayesian approach for blind separation of sparse sources[J]. IEEE Transactions on Speech and Audio Processing, 2006, 14(6): 2174 - 2188.

[141] CEMGIL A T, FEVOTTE C, GODSILL S J. Variational and stochastic inference for Bayesian source separation[J]. Digital Signal Processing, 2007, 17(5): 891 - 913.

[142] KIM S, YOO C D. Underdetermined blind source separation based on subspace representation[J]. IEEE Transactions on Signal Processing, 2009, 57(7): 2604 - 2614.

[143] JOURJINE A, RICKARD S, YILMAZ Ö. Blind separation of

disjoint orthogonal signals: demixing N sources from 2 mixtures [C]//2000 IEEE International Conference on Acoustics, Speech, and Signal Processing (ICASSP2000). Istanbul: IEEE, 2000: 2985 – 2988.

[144] YILMAZ Ö, RICKARD S. Blind separation of speech mixtures via time-frequency masking[J]. IEEE Transactions on Signal Processing, 2004, 52(7): 1830 – 1847.

[145] LINH-TRUNG N, BELOUCHRANI A, ABED-MERAIM K. Separating more sources than sensors using time-frequency distributions[J]. EURASIP Journal on Applied Signal Processing, 2005(17): 2828 – 2847.

[146] PEDERSEN M S, WANG D L, LARSEN J, et al. Two-microphone separation of speech mixtures[J]. IEEE Transactions on Neural Networks, 2008, 19(3): 475 – 492.

[147] REJU V G, KOH S N, SOON I Y. Underdetermined convolutive blind source separation via time-frequency masking [J]. IEEE Transactions on Audio, Speech, and Language Processing, 2010, 18 (1): 101 – 116.

[148] AISSA-EL-BEY A, LINH-TRUNG N, ABED-MERAIM K, et al. Underdetermined blind separation of nondisjoint sources in the time-frequency domain[J]. IEEE Transactions on Signal Processing, 2007, 55(3): 897 – 907.

[149] 陆凤波, 黄知涛, 姜文利. 一种时频混叠的欠定混合通信信号盲分离算法[J]. 国防科技大学学报, 2010, 32(5): 80 – 85.

[150] ANANDKUMAR A J G, ANEESH GHOSH A, DAMODARAM B T, et al. Underdetermined blind source separation using binary time-frequency masking with variable frequency resolution [C]// TENCON 2008-2008 IEEE Region 10 Conference. Hyderabad: IEEE, 2008: 1 – 6.

[151] PENG D Z, XIANG Y. Underdetermined blind source separation based on relaxed sparsity condition of sources[J]. IEEE Transactions on Signal Processing, 2009, 57(2): 809 – 813.

[152] XIE S, YANG L, YANG J M, et al. Time-frequency approach to

underdetermined blind source separation[J]. IEEE Transactions on Neural Networks and Learning Systems，2012，23(2)：306 - 316.

[153] LU F B，HUANG Z T，JIANG W L. Underdetermined blind separation of non-disjoint signals in time-frequency domain based on matrix diagonalization [J]. Signal Processing, 2011, 91 (7)：1568 - 1577.

[154] 张贤达，保铮. 非平稳信号分析与处理[M]. 北京：国防工业出版社，1998.

[155] 张朝阳，曹千芊，陈文正. 多跳频信号的盲分离与参数盲估计[J]. 浙江大学学报(工学版)，2005，39(4)：465 - 470.

[156] 石光明，刘丹华，高大化，等. 压缩感知理论及其研究进展[J]. 电子学报，2009，37(5)：1070 - 1081.

[157] KIROLOS S，RAGHEB T，LASKA J，et al. Practical issues in implementing analog-to-information converters[C]// The 6th International Workshop on System-on-Chip for Real-Time Applications. Cairo：IEEE，2006：141 - 146.

[158] LASKA J N，KIROLOS S，DUARTE M F，et al. Theory and implementation of an analog-to-information converter using random demodulation[C]//2007 IEEE International Symposium on Circuits and Systems. New Orleans：IEEE，2007：1959 - 1962.

[159] MISHALI M，ELDAR Y C. From theory to practice：sub-nyquist sampling of sparse wideband analog signals[J]. IEEE Journal of Selected Topics in Signal Processing，2010，4(2)：375 - 391.

[160] HYDER M M，MAHATA K. An l_0 norm based method for frequency estimation from irregularly sampled data[C]//2010 IEEE International Conference on Acoustics, Speech, and Signal Processing (ICASSP). Dallas：IEEE，2010：4022 - 4025.

[161] BARANIUK R G. A lecture on compressive sensing[J]. IEEE Signal Processing Magazine，2007，24(4)：118 - 121.

[162] 王军华，黄知涛，周一宇，等. 基于近似 l_0 范数的稳健稀疏信号重构算法[J]. 电子学报，2012，40(6)：1185 - 1189.

[163] LIU Z M，HUANG Z T，ZHOU Y Y. Hopping instants detection and frequency tracking of frequency hoping signals with single or

multiple channels[J]. IET Communications, 2012, 6(1): 84 - 89.

[164] LAROCQUE J R, REILLY J P, NG W. Particle filters fortracking an unknown number of sources[J]. IEEE Transactions on Signal Processing, 2002, 50(12): 2926 - 2937.

[165] 朱志宇. 粒子滤波算法及其应用[M]. 北京: 科学出版社, 2010.

[166] ANDRIEU C, DOUCET A. Joint Bayesian model selection and estimation of noisy sinusoids via reversible jump MCMC[J]. IEEE Transactions on Signal Processing, 1999, 47(10): 2667 - 2676.

[167] STEYSKAL H. Synthesis of antenna patterns with prescribed nulls [J]. IEEE Transactions on Antennas and Propagation, 1982, 30 (2): 273 - 279.

[168] 李磊, 熊涛, 胡湘阳, 等. 浅论无人机应用领域及前景[J]. 地理空间信息, 2010, 8(5):7 - 9.

[169] 韩世杰. 迅速升温的无人机民用应用[J]. 国际航空, 2007(10): 48 - 50.

[170] 李滨, 杨笑天, 王宏宇, 等. 森林防火中无人机的应用现状及发展趋势[J]. 科技创新导报, 2015, 12(5): 252 - 253.

[171] 贺欢. 世界微小型无人机最新发展应用概览[J]. 中国安防, 2015 (15): 81 - 95.

[172] 胡中华, 赵敏. 无人机研究现状及发展趋势[J]. 航空科学技术, 2009(4):3 - 5.

[173] 黄志敏, 熊纬辉. 轻微型无人机广泛应用带来的安全隐患及其管控策略[J]. 河北公安警察职业学院学报, 2015, 15(3): 32 - 38.

[174] 黄爱凤, 邓克绪. 民用无人机发展现状及关键技术[C]//第九届长三角科技论坛: 航空航天创新与长三角经济转型发展论文集. 南京: [出版者不详], 2012: 24 - 30.

[175] 田中成, 刘聪锋. 无源定位技术[M]. 北京: 国防工业出版社, 2015.

[176] 孟显峰. 微型无人机发展现状与趋势[C]//中国航空学会. 2016(第六届)中国国际无人驾驶航空器系统大会论文集. 北京: [出版者不详], 2016: 17 - 20.

[177] Kay S. A fast and accurate single frequency estimator[J]. IEEE Transactions on Acoustics, Speech, and Signal Processing, 1989, 37(12): 1987 - 1990.

[178] 冯小平，李鹏，杨绍全. 通信对抗原理[M]. 西安：西安电子科技大学出版社，2009.

[179] 丁玉美，高西全. 数字信号处理[M]. 2版. 西安：西安电子科技大学出版社，2001.

[180] RIFE D C, VINCENT G A. Use of the discrete fourier transform in the measurement of frequencies and levels of tones[J]. Bell Labs Technical Journal, 1970, 49(2)：197－228.

[181] 邓振淼，刘渝，王志忠. 正弦波频率估计的修正 Rife 算法[J]. 数据采集与处理，2006, 21(4)：473－477.

[182] 胥嘉佳，刘渝，邓振淼. 任意点正弦波信号频率估计的快速算法[J]. 南京航空航天大学学报，2008, 40(6)：794－798.

[183] 丁康，潘成灏，李巍华. ZFFT 与 Chirp-Z 变换细化选带的频谱分析对比[J]. 振动与冲击，2006, 25(6)：9－12.

[184] 程佩青. 数字信号处理[M]. 北京：清华大学出版社，2012.

[185] 尼卡拉伊维奇. 侦察-打击一体化系统和对地观测雷达系统[M]. 吴飞，译. 北京：国防工业出版社，2005.

[186] RICHARDS M A. 雷达信号处理基础[M]. 2版. 邢孟道，王彤，李真芳，等译. 北京：电子工业出版社，2015.

[187] 凌霖. 雷达侦察接收机仿真[D]. 镇江：江苏科技大学，2005.

[188] 胡来招. 雷达侦察接收机设计[M]. 北京：国防工业出版社，2000.

[189] 习鸣. 雷达对抗技术[M]. 2版. 哈尔滨：哈尔滨工程大学出版社，2007.

[190] GUYON I, NIKRAVESH M, GUNN S, et al. Feature extraction[M]. Berlin：Springer, 2006.

[191] 普运伟. 复杂体制雷达辐射源信号分选模型与算法研究[D]. 成都：西南交通大学，2007.

[192] 李合生，韩宇，蔡英武，等. 雷达信号分选关键技术研究综述[J]. 系统工程与电子技术，2005, 27(12)：2035－2040.

[193] 上官晋太，杨绍全，王大林，等. 商密度信号重频分选的若干问题研究阴[J]. 山西师范大学学报(自然科学版)，2001, 15(2)：23－27.

[194] BARNES A E. Theory of 2-D complex seismic trace analysis[J]. Geophysics, 2012, 61(1)：264.

[195] GAO J H, DONG X L. Instantaneous parameters extraction via

wavelet transform[J]. IEEE Transactions on Geoscience & Remote Sensing, 1999, 37(2): 867 - 870.

[196] COHEN L, LOUGHLIN P. Time-frequency analysis: theory and applications[J]. Journal of the Acoustical Society of America, 2013, 134(5): 4002.

[197] MUNK F. Joint time frequency analysis[J]. European Urology Supplements, 2015, 14(2): e363 - e363a.

[198] 李东海, 柯凯. 基于多基线干涉仪和多波束比幅联合测向天线系统的设计与实现[J]. 舰船电子对抗, 2014, 37(2): 97 - 99.

[199] 郭福成, 樊昀, 周一宇, 等. 空间电子侦察定位原理[M]. 北京: 国防工业出版社, 2012.

[200] 周一宇, 安玮, 郭福成, 等. 电子对抗原理[M]. 北京: 电子工业出版社, 2009.

[201] 胡宁, 吴华, 王星, 等. 双机交叉定位误差及配置距离最优化协调分析[J]. 火力与指挥控制, 2013, 38(1): 40 - 44.

[202] 李劲. 测向交叉定位系统的动态航迹起始算法[J]. 电子科技大学学报, 2006(6): 894 - 896.

[203] 卢发兴, 高波, 邢昌风, 等. 测量站数量对多站测向交叉定位精度的影响[J]. 火力指挥控制, 2011, 36(2): 69 - 72.

[204] 修建娟, 何友, 王国宏, 等. 测向交叉定位系统中的交会角研究[J]. 宇航学报, 2005, 26(3): 282 - 286.

[205] 白晶, 王国宏, 王娜, 等. 测向交叉定位系统中的最优交会角研究[J]. 航空学报, 2009, 30(2): 298 - 304.

[206] 朱永文, 娄寿春, 韩小斌. 双基地雷达测向交叉定位算法的误差模型[J]. 现代雷达, 2006, 28(7): 18 - 20.

[207] STANSFIELD R G. Statistical theory of d. f. fixing[J]. Journal of the Institution of Electrical Engineers-Part Ⅲ A: Radiocommunication, 1947, 94(15): 762 - 770.

[208] GAVISH M, WEISS A J. Performance analysis of bearing-only target location algorithms[J]. IEEE Transactions on Aerospace & Electronic Systems, 1992, 28(3): 817 - 828.

[209] POISEL R A. 电子战目标定位方法[M]. 2 版. 王沙飞, 田中成, 译. 北京: 电子工业出版社, 2014.

[210] NARDONE S C, LINDGREN A G, KAI F G. Fundamental properties and performance of conventional bearings-only target motion analysis [J]. IEEE Transactions on Automatic Control, 1984, 29(9): 775 - 787.

[211] CHAMBERS R, CHANDRA H, TZAVIDIS N. On Bias-Robust mean squared error estimation for pseudo-linear small area estimators[J]. Survey Methodology, 2011, 37(2): 153 - 170.

[212] 顾晓东, 袁志勇, 邱志明. 双基阵纯方位目标跟踪无偏最小二乘估计算法[J]. 数据采集与处理, 2010, 25(1): 107 - 110.

[213] DOGANCAY K. UAV path planning for passive emitter localization [J]. IEEE Transactions on Aerospace & Electronic Systems, 2012, 48(2): 1150 - 1166.

[214] DOGANCAY K. Bias compensation for the bearings-only pseudolinear target track estimator[J]. IEEE Transactions on Signal Processing, 2006, 54(1): 59 - 68.

[215] DOGANCAY K. On the bias of linear least squares algorithms for passive target localization[J]. Signal Processing, 2004, 84(3): 475 - 486.

[216] KOKS D. Passive geolocation for multiple receivers with no initial state estimate[J]. Passive Geolocation for Multiple Receivers with No Initial State Estimate, 2001(1): 1 - 29.

[217] BROWN R M. Emitter location using bearing measurements from a moving platform[J]. Emitter Location Using Bearing Measurements from A Moving Platform, 1981(1): 93.

[218] POIROT J L, SMITH M S. Moving emitter classification[J]. IEEE Transactions on Aerospace & Electronic Systems, 1976, AES-12 (2): 255 - 269.

[219] MADDEN T L. Moving emitter passive location from moving platform: US6577272[P]. 2003 - 06 - 10.

[220] PAGES-ZAMORA A, VIDAL J, BROOKS D H. Closed-form solution for positioning based on angle of arrival measurements [C]// The 13th IEEE International Symposium on Personal, Indoor and Mobile Radio Communications. Lisbon: IEEE, 2002:

1522 – 1526.

[221] NUNN W R. Position finding with prior knowledge of covariance parameters[J]. IEEE Transactions on Aerospace & Electronic Systems, 1979, AES-15(2): 204 – 208.

[222] BUTTERLY P J. Position finding with empirical prior knowledge [J]. IEEE Transactions on Aerospace & Electronic Systems, 1972, AES-8(2): 142 – 146.

[223] ELSAESSER D. The discrete probability density method for emitter geolocation[C]//2006 Conference on Electrical and Computer Engineering. Ottawa: IEEE, 2006: 25 – 30.

[224] 卞德森, 郑朝阳. IEEE802.11 标准及无线局域网技术[J]. 现代电视技术, 2002(12): 55 – 65.

[225] 钟锡华. 多普勒频移的普遍公式[J]. 大学物理, 1995, 14(10): 16 – 18.

[226] 皇甫堪, 陈建文, 楼生强. 现代数字信号处理[M]. 北京: 电子工业出版社, 2003.

[227] 陶炳坤, 陈鹏宇, 李楠, 等. FIR 数字滤波器的 MATLAB 仿真和 DSP 实现[J]. 电子设计工程, 2013, 21(9): 177 – 179.

[228] 黄雪梅. 相关干涉仪测向天线阵优化设计研究[J]. 计算机仿真, 2016, 33(10): 142 – 147.

[229] 徐本连. 双(多)基纯方位目标定位与跟踪算法研究[D]. 南京: 南京理工大学, 2006.

[230] 孙仲康, 郭福成, 冯道旺, 等. 单站无源定位跟踪技术[M]. 北京: 国防工业出版社, 2008.

[231] STEVEN M K. Fundamentals of statistical signal processing: Volumn Ⅰ[M]. New York: Person Education, 1993.

[232] DEERGHA RAO K, REDDY D C. A new method for finding electromagnetic emitter location[J]. IEEE Transactions on Aerospace & Electronic Systems, 1994, 30(4): 1081 – 1085.

[233] 霍亚飞. Qt Creator 快速入门[M]. 北京: 北京航空航天大学出版社, 2012.